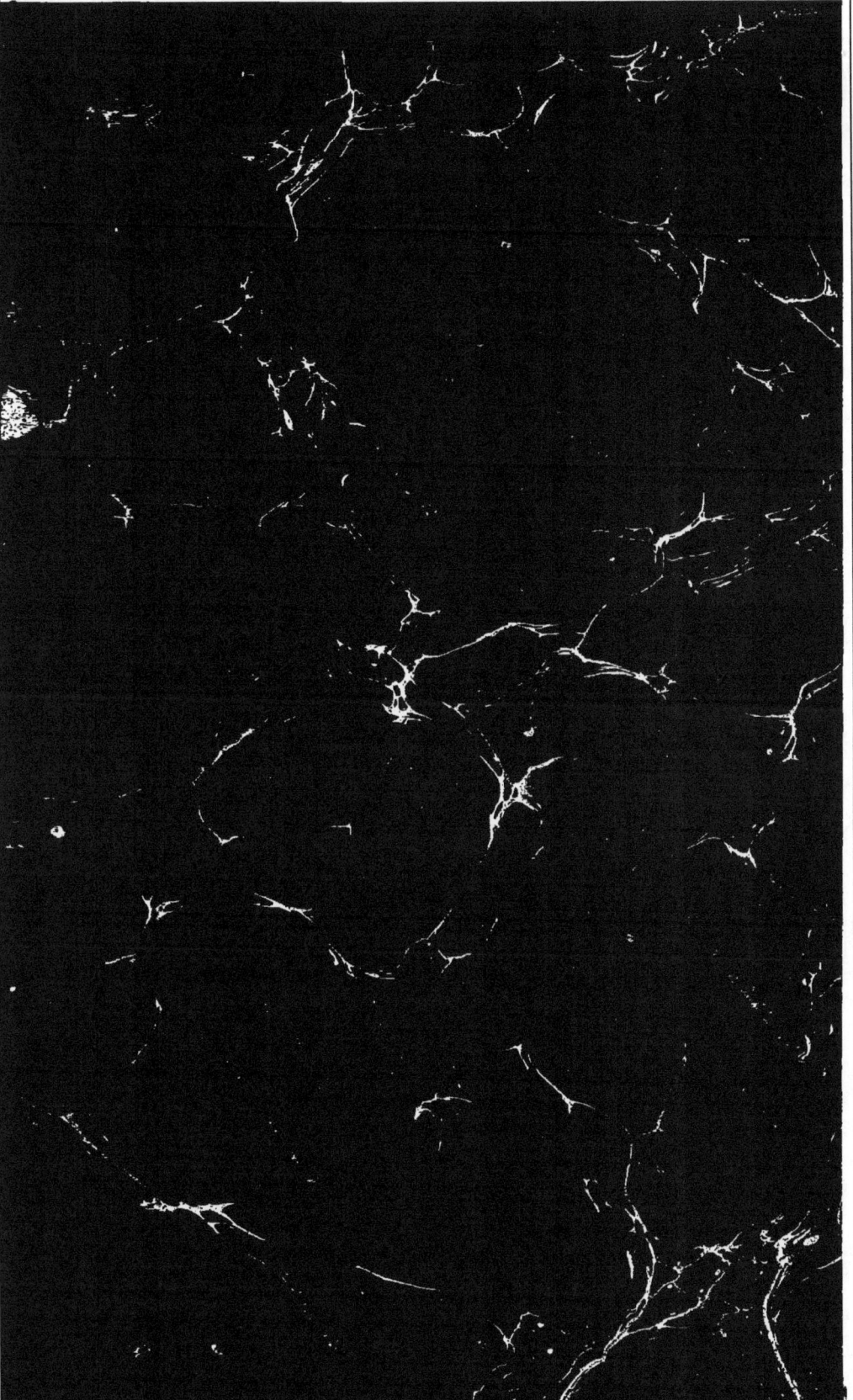

LE GUIDE

DU

MAGNANIER.

LE GUIDE
DU MAGNANIER

ou

L'ART D'ÉLEVER LES VERS A SOIE,

DE MANIÈRE
A EN OBTENIR TOUJOURS UNE EXCELLENTE RÉUSSITE;

SUIVI DU GUIDE

DU CULTIVATEUR DE MURIERS,

DANS LEQUEL SE TROUVENT DES PRINCIPES DONT L'APPLICATION DOIT
EN AUGMENTER LE PRODUIT, EN AMÉLIORER LA FEUILLE ET EN
PRÉVENIR LA MORTALITÉ.

QUATRIÈME ÉDITION,
Entièrement refondue, essentiellement améliorée dans toutes ses parties, et augmentée d'un long **Traité sur la Muscardine**, au moyen duquel tout Éducateur peut prévenir l'apparition de cette cruelle maladie et se soustraire à ses ravages ;

Par Charles FRAISSINET,
Pasteur de l'Église Réformée de Sauve.

Prix : 6 Fr. et 6 Fr. 50 par la Poste.

NIMES.

TYPOGRAPHIE BALLIVET ET FABRE,
RUE DE L'HÔTEL-DE-VILLE, 11.

1847.

UN MOT

AUX ACQUÉREURS DE CETTE NOUVELLE ÉDITION.

S'IL est vrai, comme personne n'en doute, que l'étude, la méditation et l'expérience, soient le chemin de la vérité; s'il est incontestable qu'appliqué aux théories humaines, leur concours doive, en les modifiant, les rendre toujours moins imparfaites, nul ne doit être surpris que mon *Guide* ne soit plus, en tout point, ce qu'il était il y a dix ans. J'ai étudié, médité, expérimenté; j'ai dû recueillir le fruit de mon travail, par conséquent, modifier mon livre. Je ne suis pas de ceux qui stéréotypent leur système, et qui aiment mieux résister à l'évidence que de lui faire subir le moindre changement. Je sais que, comme l'a dit l'un de nos plus célèbres moralistes, avouer qu'on s'est trompé hier, c'est être plus sage aujourd'hui; et j'avoue, sans peine, avec candeur, sans rougir, que je m'étais trompé, en bien des choses, dans les premières éditions. Je ne dis point que ces erreurs en fissent un guide essentiellement infidèle; non, je sais, par une foule de témoignages et oraux et écrits, qu'il a fort bien guidé tous ceux qui lui ont accordé leur confiance. Et il faut bien qu'il en soit ainsi, puisque en trois ans il est parvenu à sa troisième édition. Pour un ouvrage de ce genre, une telle vogue est un brevet de mérite. Ce que je veux dire, ce que j'affirme, ce que je suis en droit d'affirmer, c'est que, sous sa nouvelle forme, il guidera beaucoup mieux encore qu'il ne l'a fait jusqu'à ce jour, qu'il conduira plus directement, plus sûrement, à de plus belles réussites.

Trompé par les écrits de mes prédécesseurs, dont je n'avais pu vérifier assez complètement toutes les inexactitudes, je croyais qu'un air bien sec, une feuille peu aqueuse, une magnanerie à tuile vue, étaient des conditions favorables à la santé de nos précieuses chenilles; que quatre ou cinq repas à leurs premiers âges, et trois à leur dernier, pouvaient suffire en tout temps à leur alimentation; que trente-six ou quarante jours, de la coque à bruyère, étaient indispensables pour en obtenir le meilleur produit. L'expérience m'a prouvé le contraire; j'ai dû tenir compte de ses leçons, et je l'ai fait. Pouvais-je recommander comme nécessaire ce que je savais être funeste? Non.

Ainsi, tel un jeune homme que de longues études, digérées par la méditation, ont dépouillé de son ignorance native, de ses erreurs d'enfance, de ses préjugés de village, devient un homme capable de remplir, avec intelligence, les fonctions auxquelles l'appelait le vœu de ses parens; tel mon

Guide, instruit par les sages leçons de notre meilleur maître, une longue expérience, mûri par l'âge, perfectionné par la pratique, a acquis une aptitude qu'il n'avait pas d'abord; ses nouvelles connaissances épurées au creuset de l'épreuve en ont fait un *Guide* nouveau. Ai-je besoin de dire que plus de lumières lui donnent droit à plus de confiance? Qui ne sait que l'erreur est toujours funeste, et que, pour quoi que ce soit, un Mentor n'est jamais trop clairvoyant... Ses directions actuelles pourront lui donner, aux yeux de certains STATIONNAIRES, une allure trop *parisienne*. Soyons justes, les éducateurs du *Nord* ont fait faire un grand pas à l'art séricicole; et, quoique l'excentricité de quelques-uns de leurs principes répugne avec raison à leurs collègues du *Midi*, il n'en est pas moins vrai que leur exemple nous a été fort utile : il nous a excité à l'étude; il a secoué notre orgueilleuse apathie; il nous a fait découvrir le vice de certaines pratiques qui, bien que séculaires, n'en étaient pas moins erronées; il a brisé les chaînes qui, de temps immémorial, nous tenaient garrottés dans l'ornière d'une aveugle routine; il a ouvert la voie du progrès. Et pourquoi n'emprunterions-nous pas à la nouvelle École ses meilleurs procédés, quand le jugement de la raison, confirmé par celui de l'expérience, les a déclarés préférables aux nôtres, indispensables pour arriver au but que nous voulons atteindre : le plus de produit par le moins de dépense ? Je suis loin de croire que les magnaniers parisiens soient nos maîtres en toutes choses, bien loin de regarder même comme utile tout ce qu'ils croient indispensable; mais je ne le suis pas moins de condamner comme ridicule ce qu'ils ont dit de bon, ce qu'ils font de raisonnable. Il y aurait à la fois trop d'orgueil et de petitesse à repousser un avantage réel, parce qu'il nous viendrait d'une source étrangère. Heureusement, peu de personnes sont capables d'un tel acte de déraison; et c'est pour cela, qu'en offrant au public séricicole cette *quatrième* édition de mon *Guide*, je ne crains pas de dire que, semblable à l'abeille qui butine sur toute sorte de fleurs les sucs dont elle forme ses délicieux rayons, j'ai butiné de toute part la substance de mon livre (1), qui n'est, à vrai dire, qu'un résumé complet de ce que l'expérience des meilleurs magnaniers, tant anciens que modernes, a indiqué de plus favorable à la réussite de l'insecte précieux dont l'éducation fait l'objet de nos études. Oui, j'ai butiné partout; mais nulle part je ne me suis rendu coupable du moindre plagiat. Mon butin,

(1) En 1835, je me rendis à Paris, et m'enfermai dans la Bibliothèque royale jusqu'à ce que j'eusse lu tout ce qui avait été écrit à cette époque sur cette importante matière (22 ouvrages). Depuis lors, j'ai consulté avec le plus grand soin toutes les nouvelles publications dont elle a été l'objet. Je puis donc assurer que j'ai mis tout en œuvre pour donner à mon *Guide* toute la perfection dont il est susceptible. On pourra faire mieux, mais non pas avec plus de conscience.

comme celui de l'abeille, a été digéré, modifié, transformé, en sorte que mon *Guide* est bien réellement mon guide : rien n'est entré dans sa composition qu'après l'épreuve d'une longue expérience. Ce livre n'est donc pas une œuvre d'imagination, il n'a pas été écrit d'enthousiasme, d'un seul trait, dans un cabinet richement historié, avec bureau en acajou, et fauteuil rembourré en beau maroquin vert; mais dans une magnanerie, sur le rebord de mes canis, d'après mes nombreuses expérimentations, et à mesure que j'en constatais les résultats; aussi n'ai-je pas le moindre doute qu'il ne soit éminemment utile à tous ceux qui en feront usage.

J'ai joint à cette quatrième édition un long article, ou plutôt un traité complet, sur la muscardine. Je ne donne pas avec une entière confiance des remèdes curatifs contre cette terrible maladie; il n'en existe pas de constamment efficaces; mais j'y indique les moyens de la prévenir. N'est-ce pas l'essentiel?...

Mon *Guide du Cultivateur de Mûriers* n'a pas subi de grandes modifications : elles n'étaient pas nécessaires; qu'on le suive tel qu'il est, on s'en trouvera bien.

Sauve, 24 mars 1847.

LE GUIDE

DU

MAGNANIER.

CHAPITRE PREMIER.

DU VER A SOIE ET DE SA NOURRITURE.

Le ver à soie est originaire des pays chauds; importé de Chine en Europe l'an 530 de notre ère, il ne vit dans nos climats qu'en état de domesticité; et cet état, en altérant sa constitution primitive, en a produit plusieurs variétés. Je ne dois parler ici que de celle qu'on élève parmi nous, c'est-à-dire du ver à soie de quatre mues à cocons de moyenne grosseur (1) ; laquelle se subdivise en deux autres qui ne diffèrent guère que par la couleur de leur produit. L'une d'elles, la première qu'on éleva en France et probablement en Europe, donne des cocons dont la couleur varie depuis le roux ardent jusqu'au jaune-paille ; l'autre, importée dans notre patrie vers le milieu du dernier siècle, en donne d'un blanc plus ou moins sale et plus ou moins argenté. Leur nuance déterminant dans leur valeur vénale une différence assez sensible pour que l'éducateur doive y faire attention, nous lui recommandons le *Roquemaure* et surtout ceux qui, nous étant naguère venus directement de Chine, portent parmi nous le nom de *Sina*. (2) Non moins robuste que la jaune, quoi qu'en aient dit certains

---

(1) Il y a des vers à soie de trois mues, qui montent quatre jours plus tôt que ceux qu'on élève dans nos pays, font à peu près la même dépense en feuille et produisent des cocons moindres de 2$|$5es, mais dont la soie est plus fine. On en élève beaucoup en Lombardie.

Il y en a aussi de quatre mues, deux fois et demie plus pesans que les vers à soie ordinaires, dont les cocons suivent la même proportion, et qui ne montent que cinq ou six jours plus tard; on les élève dans le Frioul. Ils dépensent, dit-on, un peu moins de feuille, mais la soie en est grossière.

(2) J'ai obtenu par croisement une excellente race, très-robuste, très-active, dont les cocons réunissent au beau blanc *Sina* le beau tissu *Valleraugue*.

échos du préjugé, la variété blanche, plus prompte et moins dépensière, devrait obtenir notre préférence, alors même que son produit cesserait d'être d'un prix plus élevé. Toutefois, il faut tenir compte des caprices de la mode, auxquels cette nuance est exposée ; et qui, parfois, la font mépriser des filateurs.

Cette précieuse chenille, parfaitement caractérisée, malgré la décision contraire de quelques modernes auteurs, par le nom de *ver à soie*, sous lequel elle est généralement connue, appartient au genre *bombice*, et voilà d'où vient que quelques-uns de nos savans, sans condescendance pour le pauvre vulgaire, et jaloux d'introduire un nouveau mot grec dans la langue française, s'obstinent à l'appeler *bombix*.

Quoi qu'il en soit de son nom, elle a seize pattes, dix-huit petits trous appelés *stigmates* et *trachées aériennes*, marqués par autant de points noirs, dont deux à la tête et un au-dessus de chaque patte. Ce sont ses organes exhalans et aspirans : c'est par eux qu'elle respire. Un museau composé de deux fortes mâchoires cornées, dont la couleur varie avec l'âge, qui se meuvent horizontalement, ont la forme d'une scie et produisent, en rongeant la feuille, la majeure partie de ce bruit qu'on entend dans les magnaneries durant les quatrième et cinquième âges des vers à soie, immédiatement après qu'on leur a servi leur repas. Le célèbre Dandolo attribue ce bruit tout entier à l'action de leurs pattes dans le mouvement qu'ils font pour se placer ; mais ce qui démontre évidemment l'erreur de cet éducateur illustre, c'est que ce bruit, qui ressemble parfaitement à celui d'une petite pluie, continue alors que le mouvement des pattes a cessé. Comme celui des individus de son espèce, le corps de cet insecte est cylindrique et divisé en douze anneaux membraneux parallèles, dont le dernier, à la partie postérieure, est surmonté d'une espèce de petit éperon. Sa peau, qui paraît châtain au moment où il vient d'éclore, se rapproche peu à peu du blanc sale qu'elle atteint deux ou trois jours avant sa maturité ; et, à mesure que la couleur foncée est remplacée par une couleur plus claire, c'est-à-dire à mesure que la peau s'agrandit, et que les petits poils dont elle est hérissée et qui lui donnent la teinte noirâtre qu'elle a, surtout dans les deux premiers âges de l'insecte, s'écartent l'un de l'autre et tombent, il paraît sur son dos quatre petits demi-cercles formant comme deux parenthèses noires, et sur sa tête un bandeau de même nature, inégalement foncé. On avait cru, mal à propos, que la différence de teinte désignait celle des genres ; il n'en est rien. C'est ce que m'ont démontré de nouvelles expériences.

Devant acquérir, dans l'espace de vingt-cinq à trente-cinq jours, un volume environ mille fois plus grand que celui qu'il a en sortant de sa coque, on conçoit qu'il doive être bientôt à l'étroit dans sa tunique primitive ; aussi, s'en débarrasse-t-il après six ou huit jours, pour en prendre une autre, dont il se débarrasse de même. Après quatre opérations de ce genre, auxquelles on a donné le nom de *mues*, et qui closent ses quatre premiers âges, cet insecte parcourt son cinquième, durant lequel il dévore un peu plus des 2/3 (1) de la feuille dont il a besoin pour parcourir les diverses périodes de son existence, et forme enfin ce précieux tombeau qui nous le

---

(1) Un très-habile sériciculteur, M. Brunet de La Grange, dans son tableau synoptique, dit les 4|5es. En pesant la feuille au moment où l'on vient de la cueillir, il a raison ; mais alors ce n'est pas 1,000 k. qu'en consomme une once de 31 gram., c'est bien davantage. Dans une chambrée bien conduite, les vers doivent être sortis depuis deux ou trois jours de leur dernière mue, au moment où la feuille a acquis son entier développement : ainsi toute la feuille qu'ils ont dépensée jusqu'à cette époque doit être évaluée et non pesée ; d'après cela, les 200 kilog. de M. Brunet, dépensés dans les quatre premiers âges, en représentent plus de 350.

rend cher et dans lequel il doit non-seulement se débarrasser une cinquième fois de son enveloppe, mais encore subir deux métamorphoses qui produisent successivement, en quinze ou vingt jours, deux êtres tout-à-fait dissemblables. Quelle différence, en effet, entre la chrysalide et le ver dont elle est provenue ! Quelle différence surtout entre le papillon et la chrysalide !

Le ver à soie change donc quatre fois de peau pendant sa courte vie. Ces changemens qui, comme nous l'avons dit, portent le nom de *mues*, s'annoncent par un dégoût que précède toujours un appétit vorace. Chacune de ces mues est pour lui une maladie, une crise dangereuse ; et voilà pourquoi l'on dit vulgairement qu'ils s'alitent, lorsqu'ils se disposent à la subir. Ce petit animal, que l'on croit généralement aveugle, est pourvu de douze yeux, rangés en deux groupes sur la partie cornée de sa mâchoire supérieure. On a conclu qu'il était privé de la vue de ce qu'il paraît fuir le grand jour ; mais cette conclusion est-elle légitime ? De ce que nous évitons de fixer nos yeux sur le disque du soleil, serait-on bien fondé à conclure que nous n'en avons point ?.. Et d'ailleurs est-il bien constaté que le ver à soie évite la lumière ? N'est-il pas tout aussi probable qu'il cherche à se mettre à l'abri de l'air, dont le contact lui est si souvent nuisible, lorsqu'il le frappe directement et qui pénètre dans l'atelier par les mêmes ouvertures qui donnent passage aux rayons solaires? Quelques auteurs, il est vrai, se sont faits les organes de cette erreur populaire; mais doit-on en être surpris? N'est-il pas plus facile de copier un mensonge que de le réfuter? Si, comme personne ne le conteste, le papillon issu du ver à soie a des yeux, n'est-il pas infiniment probable que le ver, lui-même, en est pourvu? Le papillon en a-t-il un plus urgent besoin, lui qui, durant toute sa vie, ne doit prendre, pour tout aliment, que l'air qui l'environne (1)?

Le sang de cet insecte n'est ni rouge ni chaud : aussi sa chaleur est-elle toujours égale à celle de l'air qu'il respire. Il a, immédiatement au-dessous de sa tête, deux réservoirs destinés à recevoir la matière soyeuse, et unis par une filière ou petit trou, par lequel il les vide, en y faisant passer sa soie, quand il veut *bâtir* son cocon.

La finesse de la soie résulte de la dimension de la filière, et celle-ci de la chaleur qu'éprouve l'insecte à sa maturité. En sorte que la qualité

---

(1) Je ne parle que du papillon issu du ver à soie.

de cette matière, toujours si précieuse, ne dépend pas seulement de la nourriture du ver qui la produit, mais encore de la chaleur qu'il éprouve, au moment où il doit la produire.

Le ver à soie ne quitte guère la place où on le dépose, que quand il vient de naître ou quand il veut *monter*, à moins qu'il ne soit atteint de quelque maladie. Le temps qui s'écoule entre sa naissance et sa maturité dépend de la température du lieu dans lequel il se trouve. Bien qu'il ne craigne pas la chaleur, comme on l'a généralement cru, puisque, à trente degrés Réaumur, l'abbé de Sauvages en a obtenu une parfaite réussite ; toutefois, pour avoir une bonne qualité de cocons, il faut qu'il s'écoule au moins vingt-huit ou trente jours de la *naissance* à la *montée*.

Il me resterait encore bien des choses à dire sur notre précieuse chenille, si j'avais la prétention d'en écrire l'histoire naturelle ; mais mon unique but étant, non de la faire connaître, mais d'indiquer à ceux qui la connaissent, sous quelles lois elle prospère, je m'arrête avec la crainte d'en avoir déjà trop dit.

La feuille de mûrier est, quoi qu'on en ait pu dire, la seule nourriture qui puisse convenir au ver à soie (1). Cette feuille est composée de cinq substances différentes, outre les nervures, les côtes, la charpente, dont le ver ne saurait se nourrir : 1° le parenchyme ; 2° la matière colorante ; 3° la partie aqueuse ; 4° la substance sucrée dont le ver tire la sienne ; 5° et la substance résineuse, qu'il convertit en soie, et qu'il accumule incessamment dans les deux réservoirs dont nous avons parlé plus haut.

La feuille est donc plus ou moins bonne, selon qu'elle contient plus ou moins de matière sucrée et résineuse. L'état de l'atmosphère pouvant influer sur le développement de telle substance au préjudice de telle autre, on peut concevoir que des vers très-beaux répondent mal à l'attente de l'éducateur, parce que la matière

(1) Plusieurs écrivains, serviles copistes de confrères peu observateurs, ont avancé qu'on pouvait les nourrir avec la feuille d'orme, de rosier, de ronce, etc.; d'autres soutiennent que celle de pissenlit, de scorsonère, de laitue, peut les sustenter avec avantage. Il en est un qui n'a pas hésité à offrir la luzerne et la pomme de terre pour remplacer la feuille de mûrier. *Risum teneatis amici!...* (Voir le *Guide du Cultivateur de Mûriers*, chap. II).

Les Chinois après avoir légèrement arrosé la feuille qu'ils viennent de cueillir, la saupoudrent, soit avec de la poussière de feuille de l'année précédente, soit avec de la farine de riz. L'expérience a démontré que cette pratique n'avait rien de nuisible, mais que nous n'avions aucun avantage à la naturaliser chez nous.

sucrée ou nutritive l'ayant emporté sur la matière résineuse, leurs cocons seront peu pesans, et c'est là ce qui arrive lorsque le vent du midi règne ; le contraire a lieu, quand c'est celui du nord.

Sans prétendre entrer dans la nomenclature des diverses qualités de feuille, je dois dire que la meilleure est celle que produit le mûrier planté dans un terrain léger, sec et exposé au vent ; et la plus mauvaise, celle que produit cet arbre dans des terrains bas, gras et humides.

Il existe aussi de grandes différences entre la qualité de la feuille cueillie dans les mêmes lieux ; et ces différences, on le sent, proviennent des espèces. (Voir le *Guide du Cultivateur de Mûriers*, chap. II, intitulé : *Du Mûrier et de ses différentes espèces.*)

La feuille miellée nuit aux vers à soie ; on ne doit s'en servir que dans un moment de disette, et seulement après l'avoir lavée. Celle qui n'est que tachée ne leur nuit pas du tout ; mais il faut avoir égard aux taches, et leur en donner en plus grande quantité. Un propriétaire prudent et désireux de réussir dans l'éducation des vers à soie, doit avoir assez de feuille de sauvageon pour donner à ses vers pendant les deux premières périodes de leur vie, et de fine pour la veille et le lendemain de toutes les mues, ainsi que pour tout le temps de la montée (1).

(1) Nous tenons de source certaine, qu'en Italie, lorsque des symptômes de maladie se manifestent dans une magnanerie, l'éducateur intelligent en arrête souvent les progrès, en donnant à sa chambrée de la feuille de sauvageon. Un savant expérimentateur, l'illustre Robinet, a mis hors de doute que la feuille du multicaule et celle du moretti l'emportent, en qualité, sur celle que je propose. Je suis de cet avis, quant à certaines variétés de sauvageon ; mais il y en a tant ! Je conseille l'usage des plus fines. Eh ! que sont nos diverses espèces, sinon des variétés de sauvageon ? Dieu ne nous a pas envoyé du ciel des baguettes de greffe : nous les avons prises dans nos pépinières, sur les plants que nous avons jugés les meilleurs.

CHAPITRE II.

DES MAGNANERIES ET DES RAMIERS.

Le local dans lequel on élève les vers à soie pouvant beaucoup influer sur leur santé, et par là même sur leur réussite, il est essentiel de montrer ce qu'il doit être pour répondre à leurs besoins et à l'attente des éducateurs. Je ne dirai rien des dandolières, dont on ne parle plus, ni des magnaneries salubres qui les ont remplacées. Je n'ai pas la prétention d'écrire pour l'aristocratie séricicole; mon livre s'adresse principalement à ceux qui cultivent le mûrier pour le produit qu'il rapporte; et, de ceux-là, bien peu seraient disposés à croire les merveilles qui s'opèrent dans ces palais de l'industrie et encore moins à se procurer, à grands frais, les avantages qu'ils présentent. A quelques rares exceptions près, le vent de notre époque est au positivisme; et, à l'endroit industriel, c'est bien à celui-là qu'il faut tendre la voile. Qu'on ne croie pourtant pas que je sois sans estime pour les utiles travaux des Darcet, des Bauvais, etc., etc. Qu'on ne croie pas que je méprise les améliorations que nous devons à leur génie ; que je condamne les magnaneries salubres. Non, je les approuve, je les admire de toutes les forces de mon intelligence. Ces magnaneries, je les crois très-commodes, très-utiles, infiniment nécessaires, peut-être même indispensables pour les régions du Nord ; mais je crois aussi qu'on peut s'en passer sous le doux ciel de notre beau Midi. Là, j'en ai la certitude, on peut, sans leur secours, obtenir d'assez belles récoltes. L'année dernière, de sept onces de graine, j'ai obtenu, dans la mienne, mille quatre cent soixante-huit livres de magnifiques cocons (ancien poids). Toutes les magnaneries à la Darcet n'ont pas produit de plus beaux résultats. Non loin de Sauve, l'une des plus belles et des mieux outillées n'a donné que des muscardins. Ce fait n'en détruit pas le mérite ; mais, sans mauvais vouloir, on peut bien en conclure qu'elles ne sont pas toujours de sûrs garans d'une bonne réussite. Toutefois, je les recommande, particulièrement aux riches propriétaires. Ils trouveront, chez Mme veuve Bouchard-Huzard, libraire, rue de l'Eperon, 7, à Paris, la brochure où M. Darcet a décrit tout ce qui a rapport à leur construction et à leur ameublement. Arrivons à la magnanerie commune. Le meilleur emplacement pour une telle pièce est celui qui se trouve le moins exposé à un air stagnant (*pesant, non agité*) et à la répercussion des rayons solaires. On doit donc, autant que possible, placer ces bâtimens sur de petites élévations, afin que l'air y soit plus agité. Il faut éviter les expositions trop chaudes, telles que le pied d'une montagne, vers le couchant ou le midi.

Un carré long, dont les plus grands côtés regardent le levant et le couchant, telle est la meilleure forme à donner aux magnaneries, qui ne doivent avoir que deux rangs de tables (1)

(1) On appelle *table*, *canis*, *claie*, *canisse*, l'ustensile sur lequel on place le ver à soie, et qu'on lui assigne pour demeure pendant les diverses périodes de sa courte existence. La *table* est ordinairement construite en planches. On s'en sert dans toutes les hautes Cevennes; l'usage en est nuisible, l'air ne pouvant passer à travers la *table*, pour sécher la litière. La *claie*, tressée avec des gaules ou jeunes pousses d'arbre, vaut infiniment mieux. Le *canis*, composé de roseaux écrasés, ouverts et tissus ensemble, vaut plus que la *table* et moins que la *claie*. La *canisse* réunit aux avantages de celle-ci, celui de pouvoir être roulée et rangée sans embarras dans un coin de la magnanerie, attendu qu'elle n'est composée que de roseaux juxta-posés et unis l'un à l'autre par une petite corde en sparterie.

Les personnes riches feront bien de substituer le fil de fer à toute autre chose; le fil le plus fin pouvant suffire, la dépense ne serait pas très-considérable et les avantages en seraient immenses. l'extrême durée, la grande facilité de sécher la couche, et celle non moins précieuse qui en résulterait pour la désinfection, lorsqu'on aurait à combattre la muscardine, militent en faveur de ma proposition.

sur leur largeur, par conséquent trois chemins, et, à chacun des petits côtés, trois fenêtres qui y correspondent. Le nombre d'ouvertures des grands côtés dépend de la longueur de la magnanerie. Au-dessous de chaque fenêtre, et au niveau du sol, doit se trouver un trou ou soupirail, de dix à douze centimètres carrés, pratiqué diagonalement dans l'épaisseur du mur. De trois en trois mètres, il doit y en avoir de semblables au pavé, le long des trois chemins, avec leurs correspondans au plafond (le toit plafonné). Les fenêtres doivent avoir, outre les volets extérieurs, des châssis à carreaux de verre. On a dit que les vers à soie redoutaient la lumière. Mais comment a-t-on pu supposer que des chenilles, destinées à vivre en plein air, pussent en être incommodées? N'est-ce pas les croire condamnées à un supplice continuel, par le seul fait de leur constitution, et par conséquent accuser d'ignorance ou de cruauté Celui dont toutes les œuvres proclament, à l'envi, la sagesse ineffable et l'infinie bonté?

Je disais, dans mes premières éditions, que la toiture d'une magnanerie devait être à tuile vue. De nouvelles études m'ayant appris que c'était une erreur, j'ai dû y renoncer. Si le flambeau de l'expérience ne nous éclairait point, autant vaudrait l'éteindre, ou, mieux encore, ne pas l'avoir allumé. Je dis donc aujourd'hui que toute magnanerie doit être exactement plafonnée ; parce que c'est le seul moyen d'en régler la température, d'y profiter le calorique qu'on n'y obtient, bien souvent, qu'à gros frais. J'ai déjà dit qu'au plafond, au-dessus des chemins, doivent, de trois en trois mètres, se trouver des ouvertures correspondantes aux soupiraux du pavé ; que ces ouvertures soient à coulisse, d'un carré long de 50 centimètres au grand côté.

Une cheminée aux quatre coins, et huit petits fourneaux également espacés sur le pourtour d'une magnanerie pour dix onces de graine, peuvent y entretenir une chaleur convenable, même pendant les journées les plus froides, en ayant soin, dans ce dernier cas, de placer quelques fourneaux roulans entre les deux rangées de tables.

Les vers produits par dix onces de bonne graine, occupent, à la montée, s'ils ont été bien conduits, une surface de 390 mètres carrés ; il faut donc qu'une magnanerie, construite pour cette quantité, puisse contenir cent trente-huit canis, de 2,25 de long sur 1,25 de large (9 pans sur 5) ; c'est une dimension assez avantageuse. On peut en placer sept, tête à tête ; mais il faut que chacun soit isolé, qu'il y ait entre deux un petit espace, afin que l'air puisse librement circuler de bas en haut. On peut aussi, sans inconvénient, en mettre dix l'un sur l'autre à 60 centimètres de distance, malgré ce qu'en ont dit certains auteurs (1). Que quelques personnes trouvent que j'exige trop d'espace, je n'en serais pas surpris. On réussit quelquefois dans d'autres conditions ; mais il n'en est pas moins vrai que celles que je propose sont indispensables pour une constante réussite. Pour se nourrir à l'aise et transpirer librement, les vers, surtout aux derniers âges, doivent être espacés de manière qu'il y ait entre deux la place d'un troisième.

M. Brunet de La Grange, inspecteur des magnaneries, n'est guère moins exigeant que moi sous le rapport de l'espace ; il demande, pour dix onces, 380 mètres carrés, plus 4/10es. (*Voyez*

---

(1) Je sais bien qu'une magnanerie telle que je la propose n'aurait pas un aspect bien gracieux. 18 mètres de longueur sur une largeur de 5^m 50 et une hauteur de 8 y compris celle du ramier (magasin à feuille), quelle étrange proportion ! Je n'en disconviens pas ; mais je suis convaincu que c'est une difformité nécessaire. Toutefois, avec des fourneaux à roulettes, il n'y aurait pas grand péril à mettre trois rangées de canis ; alors, la largeur augmentant de 2^m 25 (un canis et un chemin) et la longueur pouvant diminuer de 4^m 50 (longueur de deux canis), il en résulterait un parallélogramme de 14^m 50 sur 8^m 25, c'est-à-dire une forme un peu moins disgracieuse.

son Tableau synoptique). Et, en le dressant, il ne connaissait pas l'excellence de la graine obtenue par ma méthode (1).

Dans les deux premiers âges de leur vie, les vers occupant peu d'espace, et ayant besoin de plus de chaleur, soit par rapport à la saison, soit par rapport à leur faiblesse, on doit, au moyen de deux cloisons en briques, établir, du côté méridional de la magnanerie, deux petites chambres, l'une pour l'éclosion des vers et leur première mue, l'autre pour leur seconde. Si l'on a eu soin de laisser aux cloisons des ouvertures en regard des fenêtres et de même dimension qu'elles, susceptibles d'être fermées et ouvertes à volonté, les vers pourront être chauffés à peu de frais pendant ces deux premiers âges, plus économiquement au troisième, et soustraits dans les deux suivans à l'effet des miasmes, tout comme si elles n'existaient pas.

En disant ce que doit être une magnanerie, pour favoriser la réussite des vers à soie, j'ai

---

(1) M. le docteur Pitaro, qui, malgré quelques bons préceptes répandus dans sa *Sétifère*, n'en mérite pas moins une place d'honneur parmi les romanciers de la magnanerie, veut qu'on donne à chaque ver à soie une aire dont le diamètre soit toujours égal à sa longueur. Un tel espace ne leur serait sans doute pas nuisible; mais où en seraient les grands éducateurs, s'il leur était nécessaire.

indiqué les changemens que doivent apporter aux leurs ceux qui, en ayant déjà, ne veulent point ou ne peuvent pas en construire de nouvelles ; chacun doit chercher à les rendre le plus conformes que possible à celle que j'ai décrite.

Éviter l'air stagnant, les rayons du soleil, et entretenir dans sa magnanerie un air pur, suffisamment chaud et toujours légèrement agité, tels sont les objets que doit avoir en vue tout homme qui veut réussir.

Il faut, pour indiquer le degré de chaleur, dans une magnanerie telle que celle que nous avons décrite, au moins quatre thermomètres et un hygromètre pour y indiquer l'humidité de l'air (1).

Le dessous d'une telle magnanerie fournit le ramier, c'est-à-dire le magasin à feuille, qui ne doit avoir que peu d'ouvertures, pour qu'elle ne s'y dessèche pas trop promptement. Un ramier doit être pavé en briques, et ce pavé devrait encore être recouvert de planches, afin de se garantir de l'humidité du sol. Un tel magasin est absolument indispensable. Il est bon

(1) Le baromètre, dont la propriété est d'indiquer la pesanteur respective de l'air, et l'électromètre, qui signale le plus ou moins d'électricité qui s'y trouve, sont des instrumens dont un éducateur instruit doit meubler sa magnanerie.

d'avoir de la feuille cueillie un jour pour l'autre. Quand le temps semble vouloir se mettre à la pluie, il est prudent d'en faire cueillir pour deux jours (1). Et comment la logera-t-on, comment la conservera-t-on, si l'on n'a pas les appartemens nécessaires ? Si l'on ne peut pas la loger, on ne peut pas la faire cueillir ; et comme il est d'expérience qu'un ver, qui, à la frèze (2), manque un repas, en a besoin de plus de deux pour recouvrer ce qu'il a perdu par son jeûne, à quelles dépenses ne s'expose-t-on pas

(1) Non qu'il soit dangereux, comme trop de personnes le pensent, de donner aux vers de la feuille mouillée ; mais parce que la difficulté d'en cueillir les exposerait à des jeûnes toujours pernicieux. La même raison me fait conseiller d'en avoir en réserve un jour pour l'autre, malgré la perte qu'elle éprouve par le flétrissement.

(2) On donne le nom de *frèze* à l'appétit des vers à soie porté à son plus haut point, et par extension à tout le temps que cet appétit dure. Chaque âge a sa frèze : celle du dernier s'appelle grande frèze ou simplement frèze.

Une comparaison expliquera ce que j'avance. Supposez qu'un animal quelconque, une brebis, par exemple, tombe dans une fosse et y demeure huit jours privée de toute nourriture ; pensez-vous que celle qu'elle prendra dans les huit jours qui suivront celui où elle aura été retirée de la fosse, la mettra dans l'état où elle était au moment d'y tomber ? Non, il en faudra davantage pour réparer les ravages du jeûne. Or, le ver à soie dévore sa vie avec une telle voracité, il vit si vite, que, pour lui, un jeûne de huit heures est peut-être plus considérable que pour une brebis un jeûne de huit jours.

pour éviter celles d'un magasin à feuille ; et supposez que vos vers en manquent plusieurs, non-seulement ils seront retardés, mais encore appauvris : et tout cela, on pourrait l'éviter en ayant toujours de la feuille en réserve. Or, elle peut, sans se détériorer, se conserver deux, trois et même quatre jours, pourvu qu'elle soit placée dans un endroit frais, où l'air ne soit pas trop agité, ce qu'on obtient en fermant les ouvertures, qui doivent pourtant être ouvertes quatre ou cinq fois par jour, afin de balayer les gaz qu'elle dégage; il faut encore qu'elle ne soit pas trop entassée, et qu'on ait soin de la remuer de temps à autre, pour qu'elle ne perde pas, en s'échauffant, sa qualité nutritive.

CHAPITRE III.

DE LA MANIÈRE DE FAIRE ÉCLORE.

L'opération qui a pour but la naissance des vers à soie est on ne peut pas plus importante ; c'est celle qui influe le plus sur leur réussite.

Il y a plusieurs méthodes pour faire éclore ces précieux insectes ; mais toutes ne sont pas également bonnes.

On n'emploie plus depuis longtemps la chaleur du fumier, qui, dans le principe, fut la plus généralement employée, et dont les funestes effets ont fait abandonner l'usage.

Plusieurs personnes se servent d'un instrument de fer-blanc appelé *fourneau hydraulique* ou *castelet*. La graine, placée dans des tiroirs, reçoit, d'une certaine quantité d'eau logée dans cet instrument et chauffée par une petite lampe placée au-dessous du liquide, la chaleur nécessaire à l'éclosion. Cette méthode est loin d'être la meilleure : la graine, ainsi enfermée, ne peut point transpirer librement, et les miasmes de sa transpiration, ne pouvant point être incessamment dissipés, doivent nécessairement nuire aux vers (1).

La méthode qui consiste à faire éclore les vers à soie au moyen de la chaleur humaine, en plaçant la graine dans de petits linges, par petites quantités de deux à trois onces, est fort ancienne et bien suivie, quoiqu'elle vaille moins encore que celle dont nous venons de parler; puisque, dans celle-ci, il n'y a nul moyen de rendre la chaleur toujours égale, ce qu'on trouve dans l'autre, et que les moyens de sécher la transpiration de la graine sont à peu près les mêmes dans les deux. L'air ne circule pas plus dans le nouet, c'est-à-dire dans la petite pelote où l'on a enfermé la graine, que dans le petit tiroir du *castelet*; et puis, le ver éclos au fond de la pelote ne doit-il pas se fatiguer pour monter au-dessus? Qu'on n'oublie pas que le poids d'un ver est à un ver ce que le poids d'un homme est à un homme. Or, une graine pèse plus qu'un ver, et, que de

(1) La graine perd un douzième de son poids par la transpiration : douze onces n'en pèsent plus que onze au moment d'éclore.

graines à soulever pour celui qui naît au fond, ou même au milieu du nouet, qui en contient deux onces!....... Que d'inconvéniens, que de défauts, que de causes de non réussite devraient faire renoncer à ce moyen! Toutefois, je ne veux pas dire qu'un magnanier intelligent et soigneux, qui ne mettrait que peu de graines dans de grands linges, qui aurait soin d'ouvrir souvent, très-souvent son *nouet* pour la remuer et lui donner de l'air, et qui la tiendrait toujours dans une douce chaleur, avec une progression légèrement croissante, ne puisse réussir avec cette méthode; ce que je dis, c'est que, pour le plus grand nombre, elle est plus ou moins funeste, et que, pour tous, elle est moins commode et moins sûre que celle de l'étuve.

Voici comment il faut agir, d'après cette méthode, que je propose de substituer à toute autre. J'appelle *étuve* ou *espélidou* la petite magnanerie construite dans la grande (*Voyez* chapitre II), ou tout autre local remplissant les conditions de celui-là, dans quelque endroit qu'il se trouve.

Quand on voit que les mûriers commencent à pousser; qu'avant que le ver soit éclos, la feuille sera ce qu'elle doit être pour les chenilles qui viennent d'éclore, on détache très-proprement la graine des linges sur lesquels elle a été déposée. Pour ramollir l'espèce de glu qui l'y retient, trempez-les dans l'eau à 4 ou 5 degrés de chaleur; après quelques minutes, vous l'en détacherez sans peine, au moyen d'un couteau peu affilé. Lavez-la au vin, faites-la sécher à l'ombre; bien séchée, portez-la dans votre étuve, dont la température a dû être élevée à quatorze degrés Réaumur (1). Etendez-la le plus également possible sur un canis recouvert d'un linge ou mieux encore sur ce que j'appelle *table à éclosion*, qui n'est pas autre chose qu'un cadre supporté par quatre pieds d'un mètre de hauteur, au fond duquel a été clouée et fortement tendue une grosse percale. Que votre graine ne soit pas trop épaisse. Cela fait, vous n'avez plus qu'à chauffer de manière à ce que le thermomètre monte d'un degré par jour. Remuer la graine, avec la barbe d'une plume, comme quelques personnes se donnent la peine de le faire, est une précaution entièrement inutile. Si vos vers n'éclosent pas au 20° degré poussez jusqu'au 21°, mais n'allez au-delà. Ayez toujours un hygro-

---

(1) Si l'on détache la graine avant l'époque où elle doit être mise à incuber, il faut avoir soin de la tenir bien au large, étendue sur des assiettes, des linges, de manière qu'elle n'offre pas plus d'un centimètre d'épaisseur, dans un local dont la température ne soit pas au-dessus de dix degrés Réaumur.

mètre dans votre étuve, et qu'il marque de 75 à 80 degrés. Pour cela, il sera nécessaire d'y tenir de l'eau, peut-être même en ébullition; n'y manquez pas, une chaleur trop sèche nuirait à vos vers.

Ne les laissez pas souffrir. Pour arrêter ceux qui s'écarteraient, placez de petits rameaux autour de votre graine, sur laquelle vous aurez étendu un tulle. Dès qu'il y en aura une assez bonne quantité d'éclos, opérez votre première levée et successivement. Vouloir les faire considérables, c'est s'exposer à avoir une multitude de *passis*, et peut-être ouvrir la porte à la muscardine. Ne vous effrayez pas de leur grand nombre; il vous sera facile de les égaliser en tenant compte des repas que vous leur servez; et en faisant passer les premiers dans un local un peu plus frais, où vous pourrez sans inconvénient les leur servir plus rares; mais que cette transition, ce passage d'un local à l'autre, ne s'opère pas trop brusquement. Que votre thermomètre, dans ce dernier, ne descende que d'un degré par douze heures. Si vous tenez vos premières levées à seize ou dix-sept degrés et vos dernières à vingt et vingt-un, vos vers seront bientôt égalisés. N'oubliez pas qu'en sortant de leur coque ils ont besoin de feuille, que si vous la leur fesiez trop attendre, la chaleur, la sécheresse de l'étuve altèreraient leurs débiles organes, et d'autant plus promptement, qu'à leur naissance ils offrent un volume sans proportion avec leur masse. Le ver qui a mangé peut, sans courir les mêmes risques, être exposé à ces déperditions qui déssèchent celui qu'on a laissé sans nourriture; elles sont incessamment réparées par l'eau contenue dans la feuille. Ainsi, tenez vos levées dans l'étuve jusqu'à ce qu'elles auront reçu le même nombre de repas que celles qui occupent le deuxième appartement.

Quelques personnes font éclore sans détacher la graine; ce procédé, que j'ai prôné moi-même, n'offre pas les avantages que je lui supposais il y a dix ans. J'y ai renoncé et j'estime que chacun doit le faire. On peut détacher la graine sans lui faire aucun mal, quoi qu'en ait dit le docteur Pitaro. Le point d'appui qu'elle fournit au ver lorsqu'elle est adhérente, n'est pas indispensable. Toutefois, avec ma méthode, il n'aurait point d'inconvéniens, mais, avec la routine, il en a d'assez graves; les mauvaises graines, dont on peut se débarrasser par le lavage, restent avec ce procédé, produisent de chétifs petits vers qui consomment plus ou moins de feuille, jusqu'à ce qu'ils succombent sous le poids de leur faiblesse, de leurs infirmités natives, et qui, jusqu'à la fin, donnent un fort mauvais aspect à la couvée.

Je ne parle pas de la difficulté qu'il présente de connaître exactement la quantité de graine qu'on met à incuber; ce n'en est pas une, si, comme le conseille M. de Voisins-Lavernière, on fait pondre sur des feuilles de papier bien unies et pliées en double, de manière qu'il n'y en ait qu'une moitié de garnie, l'autre moitié fait la tare.

Quiconque veut faire monter les vers de cinq onces de graine, doit en mettre six, afin de ne pas prendre ceux qui pourraient naître le quatrième jour, et surtout pour n'être pas obligé de chercher avec trop de soin les traîneurs de la troisième et quatrième mue, qui ne sont jamais les plus vigoureux. Il ne faudrait pas se contenter de prendre la fleur aux deux premières mues; les vers étant petits, on risquerait d'en abandonner un trop grand nombre.

En se conformant à ce conseil des meilleurs magnaniers, on a toujours des vers à soie égaux, et c'est un très-grand avantage. Pour dix onces, on doit conséquemment en mettre douze; pour vingt, vingt-quatre, et ainsi de suite. (1) A propos

(1) Avec la graine obtenue par mon procédé cette précaution est inutile.

de produit, on a cru qu'il était proportionnellement moindre dans les grandes que dans les petites chambrées, et c'est un fait incontestable dont la cause est dans la différence de soin. Si l'on soignait les vers provenant de cent onces d'œufs comme l'on soigne ceux qui proviennent d'une once, nul doute que le produit n'en fût cent fois plus grand.

Les vers doivent marcher avec la feuille et comme elle; si la pousse est tardive, elle sera plus rapide; alors il faut hâter leur éducation, c'est une condition de réussite. En effet, si l'on donne à de jeunes vers de la feuille trop avancée, trop dure, elle est trop peu aqueuse et contient plus de ces matières dont ces petits animaux se débarrassent par la transpiration, qu'ils ne peuvent en expulser par ce moyen. De là les maladies, de là les désastres de 1834, de là les désastres de toutes les années où la gelée blanche a *tué* la feuille, dans ces années-là, les vers sont retardés; plusieurs personnes leur donnent de la feuille *non tuée*, la *mortalité* n'est jamais générale, et cette feuille n'étant pas du tout en rapport avec les organes et les besoins d'insectes qui viennent de naître, leur occasionne une foule de maux, entre autres la muscardine. L'abbé de Sauvages rapporte à l'appui de cette conjecture que la feuille trop nourrie fait périr les chenilles des champs (1).

(1) Le Créateur, toujours admirable dans toutes ses œuvres, pour éviter que par leur trop grande multiplication ces sortes de chenilles ne portassent la perturbation dans l'ordre de la nature, et ne s'exposassent à périr de faim après nous avoir fait les plus grands dégats en dépensant en quelques jours la nourriture nécessaire à leur vie, a arrêté, dans sa sagesse, que les individus de la même famille n'écloraient pas en même temps. Or, les derniers qui éclosent périssent presque tous, par la seule raison que la feuille dont ils devaient se nourrir est trop dure et trop nourrie pour leur faible estomac. Admirons la sagesse de notre Dieu et profitons des avertissemens qu'elle nous donne.

CHAPITRE IV.

DE LA NAISSANCE AU SORTIR DE LA PREMIÈRE MUE, OU PREMIER AGE.

Aussitot que les vers commencent à éclore, placez sur votre graine un tulle bien tendu et sur ce tulle, de petits rameaux tendres, de sauvageon si c'est possible, à petite feuille dentelée. Dès qu'ils seront passablement garnis, déposez-les le plus délicatement possible, au moyen d'une épingle dont vous aurez retroussé la pointe, sur des feuilles de papier criblées de petits trous afin qu'elles donnent à l'air un plus libre passage, et par là plus d'action pour sécher la litière dont l'humidité est si funeste. Je le répète, ne craignez pas le grand nombre de levées ; que votre tulle reste constamment sur vos graines, e qu'à mesure que vos vers en sortiront, ils se trouvent servis. Agir autrement, c'est compromettre leur santé, par conséquent leur réussite. (*Voir* au chap. précédent).

Posez vos rameaux de manière qu'il y ait au moins deux centimètres de l'un à l'autre, et vos papiers au milieu du canis, afin que vous puissiez éclaircir vos vers des deux côtés à mesure qu'ils grossiront.

Ce procédé m'a toujours réussi, et, toutefois, je lui en ai substitué un autre qui me réussit mieux encore ; adoptez-le, vous aurez à vous en féliciter. Munissez-vous de ma table d'éclosion ; après y avoir bien uniformément étendu votre graine de manière que chaque once y occupe un espace de 17 à 18 centimètres carrés, recouvrez-là immédiatement d'un tulle fixé de telle sorte que, la touchant de toutes parts, il offre à tous les vers un passage également facile. Quand il en sera temps, placez sur ce tulle, que vous ne devez déranger que dans le cas où, pour faciliter l'ascension des vers, vous seriez obligé de faire disparaître l'espèce de réseau qu'ils forment de leur bave au-dessus de la graine, des feuilles de papier de 50 centimètres de long sur 40 de large, percées de trous ronds de 2 millimètres de diamètre, régulièrement espacés de 6 ou 7 au plus. Sur vos papiers, répandez de la feuille coupée le plus menu possible pourvu qu'elle ne le soit pas assez pour passer par les trous. Alors, en tombant sur le tulle, elle y arrêterait les vers. Il ne faut pas non plus qu'elle y soit trop épaisse, les trous pourraient en être obstrués. Quand vous la verrez suffisamment couverte de vers, enlevez vos papiers et remplacez-les par leurs semblables. Ne craignez pas que vos petites chenilles demeurent au-dessous des papiers qui doivent les recueillir : l'odeur de la feuille les attire ; mais ayez soin qu'ils portent également sur toutes les parties du tulle ; s'ils sont minces et pas trop colés c'est chose facile.

En opérant ainsi vous gagnerez du temps, vous espacerez mieux vos vers et, surtout, vous épargnerez la vie à un grand nombre. On ne prend pas toujours la peine de poser les rameaux au crochet ; c'est minutieux, on les prend avec les doigts, et, dans ce cas, que de vers écrasés ou du moins offensés, alors même qu'on agit avec le plus de précaution ! D'un autre côté, quelque petits que soient ces rameaux, quelque dentelée qu'en soit la feuille, il y aura toujours une assez grande quantité de vos vers qui, pressés de se nourrir, l'attaqueront par la partie inférieure et, dès-lors, courront risque de périr écrasés par le poids de ceux qui s'agglomèreront au-dessus. S'il n'est pas rigoureusement vrai qu'un ver soit à un ver ce qu'un homme est à un homme, parce que celui-ci a une charpente osseuse, que celui-là n'a point, il n'en est pas moins évident que celui qui se trouve au-dessous de 50, 60, quelquefois 100 de ses pareils, n'est pas fort à son aise. Et si, même avec les petits rameaux, il en périt beaucoup, comme on s'en aperçoit avec une bonne loupe, que ne doit-ce pas être quand on se sert de grandes feuilles que la flétrissure colle au papier! Le moyen pour de si faibles animaux d'échapper à la pression, d'aller trouver le bord, de monter au-dessus, d'éviter la ruine?...

Eclaircissez vos vers à mesure qu'ils grossissent. Négliger cette opération, c'est risquer leur réussite.

Ainsi que je l'ai dit, ces précieuses chenilles respirent par dix-huit *petits trous*, dont seize sont placés au-dessus de leurs pattes; s'ils sont épais, leur respiration ne peut qu'être gênée. D'un autre côté, n'ayant pas de voie urinaire, ils ne peuvent se débarrasser de la grande quantité d'eau qu'ils avalent avec la feuille qu'au moyen de la transpiration, et ils transpirent mal quand ils sont à l'étroit, quand leur respiration n'est pas libre; de là, les maladies, les désastres, la muscardine. Enfin, pour marcher d'un pas égal, ils ont besoin de manger également, et, par conséquent, d'être à leur aise. Et le peuvent-ils, quand ils sont l'un sur l'autre? De là, la *menudaille*, les petits, les traîneurs. Tenez vos vers clair-semés, et non seulement durant cet âge, mais toujours depuis la coque à la bruyère. Il faut qu'à tout âge, il y ait entre deux vers à soie l'espace nécessaire pour en loger un troisième. M. l'abbé de Sauvages observe même que cet espace doit, d'un âge à l'autre, suivre une progression arithmétique, c'est-à-dire qu'au second âge, il doit être assez grand pour en loger deux; au troisième, trois, et ainsi de suite. Je ne doute pas que plus d'un routinier ne rie de ces calculs; je ne doute pas qu'on ne leur oppose de brillantes réussites obtenues avec des conditions contraires. Je sais que plusieurs personnes dignes de confiance assurent avoir bien réussi en tenant leurs vers fort épais; (1) mais je sais aussi qu'il a dû falloir, dans le cours de ces éducations, des circonstances bien favorables pour neutraliser l'effet d'un si grave inconvénient; je sais

---

(1) L'année dernière, voulant éprouver la valeur de ma graine, par la vigueur des vers qui en étaient issus, j'en élevai un petit canis dans un état d'épaisseur extrême. Chacun d'eux fit un excellent cocon, et toutefois, je ne changerai rien à mes principes. Je ne me laisse point éblouir par cette réussite.

qu'elles auraient mieux réussi encore en se conformant à ce que la raison ordonne ; je sais que le meilleur moyen d'avoir les cocons épais sur la bruyère, est de tenir les vers clair-semés sur les *canis*.

Les vers provenus d'une once de graine doivent, au moment de faire leur première mue, occuper un espace de trois pans, soixante-quinze centimètres carrés ; s'ils sont sains et bien conduits, ils ont dû quadrupler depuis leur naissance.

Le thermomètre, tant que dure cet âge, doit marquer constamment de 19 à 20 degrés. Le passage du chaud au froid est dans nos climats, où le plus grand soin peut seul le prévenir, une grande cause de non-réussite pour les vers qui y sont exposés ; ils ne passent pas impunément du 12e au 20e degré ; et combien de fois n'ont-ils pas à franchir, en quelques heures, des espaces plus considérables (1)? *Le sommeil du*

(1) L'un de nos plus habiles expérimentateurs, M. Robinet, a prouvé par une expérience faite avec le plus grand soin dans sa magnanerie modèle de Poitiers, que ce n'est pas cette transition elle-même qui nuit à la prospérité des vers, mais bien les circonstances dont elle peut être accompagnée. Il a obtenu, de la moitié d'une même division placée alternativement, de deux en deux jours, dans deux ateliers, dont l'un avait une température de 23 à 25 degrés centigrades et l'autre seulement de 16, le même

magnanier est le poison des magnaneries (1). Les nuits sont froides; le feu, pendant l'absence du soleil, aurait besoin de réparer la perte de chaleur occasionnée par cette absence. Mais, accablé de fatigue, le magnanier s'endort; vainement il a eu soin de bien garnir ses feux, ils s'éteignent, la chaleur baisse, le thermomètre, qui marquait 20 à son coucher, ne marque plus, à son réveil, que 12, et cette transition, journellement reproduite, devient, pour la

---

résultat général que de la moitié restante, bien que constamment enue à une température uniforme; la seule différence appréciable a été un retard de quatre jours. Les uns montèrent en 28, les autres en 32. Mais les conditions hygrométriques étaient les mêmes dans les deux ateliers. C'est donc leur dissemblance amenée par les brusques transitions qui cause le mal dans nos chambrées. Un air tolérablement humide à 20 degrés, le devient beaucoup trop à 12. Alors la transpiration des vers est contrariée et les miasmes dégagés de la litière n'étant plus tenus en suspension exercent autour d'eux une action plus ou moins délétère. Dans le cas inverse, l'air trop subitement chauffé devient trop desséchant; si l'on n'a soin d'arroser, et de donner de la feuille, l'abondante transpiration des vers peut leur causer de grands dommages. Évitez les brusques transitions dans tous les cas, c'est le plus sage.

(1) On peut au moyen d'un thermomètre à *minima* connaître le point où est descendue la température; et, par là, le soin qu'on a pris d'en maintenir l'égalité. C'est le seul qui exclue la supercherie. Tout atelier doit en être pourvu. Le magnanier convaincu qu'il ne saurait faire mentir cet instrument accusateur se tient sur ses gardes.

chambrée une source de maux. Que faire pour remédier à un inconvénient dont la cause est inhérente au pays que nous habitons? Dormir pendant le jour les quelques heures que l'on consacrerait au repos durant la nuit. En changeant ainsi les momens de sommeil du magnanier, on pourra, sans surcroît de fatigue, entretenir dans l'atelier la même température, et éviter, par ce moyen, les plus graves accidens. Je suppose, on doit le voir, que quelqu'un veille dans la magnanerie pendant le repos du magnanier ; mais que ces quatre ou cinq heures de repos seraient loin d'être perdues. Comme elles seraient largement rétribuées !.....

Les vers ne naissant pas tous le même jour, il faut avoir soin d'écrire sur le bord du *canis,* etc., le jour et l'heure de leur *levée*, afin de faire gagner aux plus jeunes les repas qu'ils ont de moins que les plus vieux ; on activera leur appétit en leur faisant occuper les places les plus chaudes.

Si la température extérieure était basse, s'il faisait froid, si la feuille ne se développait pas, il faudrait graduellement et insensiblement abaisser celle de la magnanière de 20 à 19, 18, 17, 16 degrés, les vers devant toujours marcher avec la feuille et comme elle.

Le comte Dandole fixe à quatre le nombre de repas pour cet âge comme pour les suivans, excepté les jours de frèze, où il prescrit des repas intermédiaires. Bien des personnes ne se laissent guider, à cet égard, dans les deux premiers âges, que par l'appétit des vers. Ce guide est bon sans doute ; il ne faut pas leur servir de nouvelle feuille avant qu'ils aient achevé celle qu'on leur a servie ; je suppose, bien entendu, qu'on les serve convenablement, assez et pas trop ; mais il ne faut pas leur en servir non plus aussitôt qu'ils l'ont achevée. Comme tout autre animal, le ver à soie a besoin de digérer sa nourriture. Les repas doivent donc avoir assez d'intervalle de l'un à l'autre pour que le ver ait le temps d'élaborer les substances dont il doit former la sienne et celle de la soie qu'on en attend. Dans les deux premiers âges, il est bon de les leur servir un peu moins copieux et plus fréquens (1), toujours avec de

(1) Le nombre des repas nécessaires aux vers pour atteindre le plus haut point de prospérité possible, dépend de la température à laquelle on les élève. Et cette température a des limites qu'on ne franchit jamais impunément. On peut réussir à 16 degrés on réussit à 25 (Réaumur). Mais le plus favorable m'a paru le 20e Or conçoit qu'à tous ces degrés le mode d'alimentation ne doit pas être le même. A 16, l'appétit des vers est moins excité, moins fort qu'à 25. Pour le premier, 4 ou 5 repas peuvent suffire ; il en

la feuille fine, maigre, tendre, de sauvageon, s'il est possible, cueillie deux heures avant d'être servie coupée bien menu (1), afin qu'elle puisse être plus uniformément répandue, qu'elle présente un plus grand nombre de côtés, et qu'elle fournisse aux vers le moyen de manger à l'aise

faut 12, au moins, pour le second. Je parle ici du premier âge. Je n'adopte aucun de ces extrêmes. J'ai choisi comme les plus propres à la meilleure réussite le 20ᵉ degré pour les deux premiers âges, le 19ᵉ pour les deux suivans, et le 18ᵉ pour le dernier, et je donne 12 repas au 1ᵉʳ, 10 au 2ᵉ, 8 au 3ᵉ, 6 au 4ᵉ et 5 au 5ᵉ.

Je n'ignore pas que d'illustres éducateurs conseillent de doubler ces nombres; que quelques-uns même sont encore plus exigeans; mais je sais aussi que leurs conseils n'ont rien de bien pratique ni, fort heureusement de bien indispensable. Je ne réussis pas moins en donnant 12 repas de l'éclosion à la première mue que tel autre qui en donne 24 et même 48. Où en seraient nos grands éducateurs du Gard, de la Drôme, de l'Ardèche, nos éducateurs de 100, 150, 200 onces s'ils ne pouvaient réussir qu'à la condition de donner 24 ou tout au moins 15 repas au premier âge et 8 au dernier. Plusieurs me blâmeront moi-même de prescrire de si nombreux repas. Qu'ils lisent, avant de prononcer, l'article Muscardine.

(1) Pour peu qu'une chambrée soit considérable on doit employer le coupe-feuille. Il en existe de plusieurs espèces comme de plusieurs prix. Celui de M. Damon de Viviers (Ardèche) qu'on peut obtenir à 100, est jusqu'à ce jour celui qui présente le plus d'avantages et le moins d'inconvéniens; au moyen de lames mobiles il coupe à toute dimension. Je ne doute pas que pour une chambrée de 20 onces l'économie de main-d'œuvre ou de feuille ne compense en une seule année le coût de ce bel instrument.

et sans se déplacer (1). Se laver les mains toutes les fois qu'on veut toucher la feuille, ne la couper qu'avec un instrument propre, balayer souvent la magnanière, sont des soins qu'exige l'instinct des vers à soie, et qu'on ne néglige pas impunément.

Cet âge dure de six à neuf jours, selon la température de la magnanerie. Si l'on a eu soin de donner de la feuille tendre, fraîche, coupée menu et par petits repas, et si d'ailleurs la chaleur a toujours été à peu près égale, il y aura peu de litière, et elle sera verte et sèche, condition nécessaire d'une bonne réussite : l'humidité de la couche, je l'ai dit, est on ne peut plus funeste aux vers à soie.

(1) La feuille devant être répandue le plus également possible, pour que les vers puissent marcher d'un pas égal, la même personne ne doit jamais la répandre deux fois de suite du même côté. Pour la répandre plus uniformément et plus vite, employez le tamis; non-seulement au premier âge mais au second. Quatre planchettes de 30 centimètres de long sur 10 de large formant par leur réunion un petit carré parfait, un treillage en fil de laiton ou de fer dont les mailles aient de 7 à 8 millimètres de côté, solidement fixé à sa partie inférieure, un petit manche pour le tenir plus aisément, tel est l'ustensile que je propose pour le premier âge. Rempli de feuille convenablement coupée il suffit de lui imprimer une légère secousse pour quelle se répande sur les vers avec une uniformité parfaite. Le travail est diminué des deux tiers. Le tamis du second âge doit avoir les mailles à peu près doubles de celui du premier.

Dès qu'ils sont tous endormis (*ajhassats*), on suspend les repas qui doivent être composés depuis la veille du jour où ils s'assoupissent (*s'amaloutissoun*) jusqu'au lendemain de leur réveil (*de lus sourtides*), de la feuille la plus fine, la plus tendre, la meilleure de vos plantations. En suivant ces principes, on verra les vers sortir très-épais de leur mue, quoiqu'ils le fussent peu au moment d'y entrer, et ce *foisonnement* est le meilleur signe de prospérité, le meilleur pronostic d'une bonne réussite. Il convient d'en laisser sortir la presque totalité avant de leur servir le premier repas, c'est-à-dire les rameaux qui doivent être employés à les transporter sur les *canis* où ils doivent accomplir leur deuxième âge, car on ne doit jamais les faire manger sur leur vieille couche (1). Il n'y aurait rien à

---

(1) Pour cette opération comme pour les délitemens, employez le filet; non seulement vous ferez beaucoup plus vite mais infiniment mieux. Le vers maniés, froissés, pressés, entassés, dans des plats, des assiettes, etc., ne peuvent que souffrir; ils le supportent mais pas sans dommage. Il y a des filets pour chaque âge, la dimension des mailles doit être en rapport avec la grosseur du ver. La manière de s'en servir est fort simple, on les étend sur les canis, on les couvre de feuille et quand les vers y sont montés on les suspend au moyen de petits crochets au canis supérieur, s'il s'agit de déliter, ou bien on les transporte sur un canis vide s'il est question de changer les vers d'une mue ou de les dédoubler. Le filet suspendu ou transporté, on roule la li-

craindre, quand même il devrait s'écouler douze ou quinze heures depuis le moment où les premiers vers sont éveillés jusqu'à celui où les derniers pourraient l'être. Si vos vers ne se sont pas assoupis trop épais, attendez le réveil de tous pour leur donner à manger, c'est le moyen de les avoir égaux. S'ils s'étaient assoupis épais, il faudrait faire une levée des premiers éveillés : on donnerait ainsi de l'air aux autres, mais il vaut infiniment mieux les laisser s'endormir au large.

tière dans le filet inférieur qui, vide en quelques instans, sert pour la table suivante de filet supérieur : ainsi pour cent canis il suffit de 115 filets. Mais dira-t-on les filets *coûtent*; oui, à Paris 90 centimes le mètre carré. Tout le monde n'est pas en mesure de faire cette dépense et d'ailleurs la plupart de nos magnaneries n'en comportent pas l'usage. Eh bien! employez les filets de papier, au moins dans les trois premiers âges, ils coûtent peu et peuvent être employés dans toute sorte de magnaneries. Le papier percé que je recommande pour la levée des vers à l'éclosion n'est pas autre chose qu'un filet de ce genre. On en trouve aisément de tout prêts.

M. Capeau-Portal, place du Marché, près les Arènes, à Nimes, en a toujours un magnifique assortiment fait à la mécanique par un nouveau procédé breveté. Nous recommandons ce magasin comme pouvant offrir ce qu'il y a de mieux au prix le plus modéré.

Mais vous pouvez les fabriquer vous-même avec des emporte-pièces de différente dimension ou même des broches de fer rougies au feu. Ne les faites pas trop grands ni avec du papier trop fort et trop collé, ils seraient incommodes et pourraient être dangereux; 50 centimètres carrés en sont la dimension la plus parfaite comme la plus commode.

4

Le degré de chaleur pendant la mue n'est pas chose indifférente : s'il fait trop chaud, le ver se dépouille trop promptement, et la pellicule qui tapisse ses vaisseaux respiratoires, et que l'on en voit sortir comme un fil noir, risque de s'y rompre et de les boucher. Si, au contraire, il fait trop froid, le ver séjourne trop longtemps dans la litière; alors le jeûne et l'humidité peuvent le rendre malade. Vingt-quatre, trente et au plus trente-six heures, tel est le temps que des vers bien conduits doivent mettre à la mue. Mais pour cela il ne faut pas éteindre les feux de l'atelier comme le font encore ceux que dirige une aveugle routine. Au contraire, il faut les entretenir avec beaucoup de soin.

Dans le premier âge, les vers augmentent d'environ quatorze fois leur poids et quatre fois leur taille. Il en fallait, au sortir de l'œuf, 54,626 pour une once, il n'en faut plus actuellement que 3,840 ; ils n'avaient qu'une ligne de longueur, maintenant ils en ont quatre. Quatre kilog. et demi (ou neuf livres) de feuille ont suffi pour produire dans les vers d'une once de graine ces immenses changemens (1).

(1) Mais, qu'on ne s'y trompe pas, pesée au moment où elle a été cueillie et mondée. Ainsi ces 4 kil. 1|2 n'en représentent guère moins de 30, feuille brute et à maturité.

Immédiatement après qu'on a levé les vers, il faut déliter *(déjhassa)* et sortir la litière de l'atelier. A la deuxième, troisième et quatrième, il faut le faire, non-seulement quand on les a levés, mais même avant qu'ils s'assoupissent, au moment où ils perdent l'appétit; avec cette précaution, ils font la mue beaucoup plus à leur aise. Cette opération indispensable, et par conséquent très-bonne en elle-même, faite en temps opportun, pourrait devenir funeste, si elle était faite à contre-temps; il faut qu'elle se fasse deux jours avant l'assoupissement. Si une température sèche et chaude nécessitait l'usage de la feuille mouillée, il faudrait déliter au moins tous les deux jours. — (*Voyez* article *Muscardine* et la note à la fin.)

Durant le cinquième âge, on ne doit pas se borner, comme on le fait trop généralement, à déliter après la quatrième mue, et deux jours avant de ramer (1). Il faut déliter encore la veille de la grande frèze. Ce nettoiement, que tant de causes rendent indispensable, doit donc être opéré trois jours avant celui que l'on opère en général la veille de la montée. Ces opérations sont loin d'être agréables, mais elles sont bien

---

(1) Donner la bruyère.

moins pénibles que nécessaires. Les vers à soie aiment la propreté. De leur couche s'exhalent continuellement des vapeurs qui ne peuvent que leur nuire. Ne doit-on pas leur faire du bien en délitant? Délitez donc; ils vous récompenseront largement de vos peines, et toutes les fois que vous déliterez, à partir du troisième âge, promenez autour de vos *canis* la bouteille purifiante.

Si, durant un âge, quel qu'il soit, le thermomètre, par l'effet de la chaleur extérieure, marque un degré supérieur à celui qui est prescrit, il faut de suite fermer toutes les ouvertures exposées au soleil, et ouvrir toutes celles que ne darderaient pas les rayons de cet astre. Les soupiraux doivent aussi demeurer ouverts du côté qui peut donner de la fraîcheur. Répandez de l'eau sur les pavés, arrosez les murs, multipliez vos repas, que vos vers aient toujours de la feuille, servez-la leur bien fraîche, mouillée même. Vous devez agir ainsi, sous peine de voir apparaître la terrible muscardine, la flacidité, tout un cortége de désastres.

Si l'air est stagnant, pesant, non agité, il faut faire de la flamme aux cheminées afin d'opérer un ébranlement dans ce fluide, et d'en établir la circulation de l'extérieur à l'intérieur, *et vice versâ.* Si cette précaution était négligée, la chaleur étouffée ferait fermenter la litière, l'air deviendrait méphitique, et la perte de la chambrée pourrait suivre de près cette funeste négligence.

Votre hygromètre signale-t-il une trop grande humidité, marque-t-il, *saturation de l'air*, 98, 100 degrés. Vite du feu de flamme dans les cheminées et les fourneaux, des sarmens allumés autour de vos *canis*, et ne vous lassez pas, ne cescez d'agir ainsi que quand votre hygromètre vous indiquera que vous le pouvez sans péril. (1) Il est un autre moyen de sécher l'air, et ce moyen qui joint à ce précieux avantage un avantage non moins précieux, celui de le purifier, con-

(1) M. Robinet, dont les savantes expérimentations ont porté tant de lumière dans l'art séricicole, a élevé des vers sous une voûte très-humide, où, pour augmenter l'humidité naturelle, il a opéré de fréquens arrosages, placé sur le poêle des vases remplis d'eau et sur le rebord des tables des linges constamment trempés. Ces vers très-vigoureux acquirent plus de développement que ceux des magnaneries sèche et normale, leurs cocons furent plus pesans que ceux de ces derniers et la matière soyeuse n'y était pas moins abondante. Mais dans ce local, toujours humide, l'hygromètre n'atteignit jamais le 90me degré; mais là, des délitemens journaliers excluaient toute fermentation de litière. Qu'une telle humidité n'agissant que sur des vers très-proprement tenus leur soit plus utile que nuisible, je consens à le croire; mais qu'elle agisse sur des couches plus ou moins épaisses, que de 80, 90 l'hygromètre arrive à 96, 98, 100 et elle leur sera funeste.

siste à placer, en divers endroits de la magnanière, des pierres de chaux vive. Chacun sait que la chaux, dans cet état, a la faculté d'absorber l'acide carbonique en même temps que l'humidité de l'air.

Un orage se manifeste-t-il? avez-vous à craindre une touffe *(caoumagnasse, boubourade)* fermez vos volets, faites des feux de flamme, promenez votre bouteille purifiante, et agissez ainsi jusqu'à ce que, l'orage étant dissipé, vous puissiez sans crainte rouvrir vos fenêtres, et agir comme en temps ordinaire.

DU MOYEN D'ASSAINIR L'AIR.

Toujours nuisible à l'animal qui le respire, l'air malsain peut être purifié par plusieurs procédés divers dont nous sommes redevables à la science chimique. L'énorme quantité de miasmes qui s'élève dans nos magnaneries aussitôt que les vers ont acquis un certain volume, y rend indispensable l'emploi des moyens purifians.

M. le comte Dandolo propose celui d'une composition dont voici les ingrédiens avec leurs proportions respectives :

Six onces de sel de cuisine bien pilé.

Trois onces manganèse.

Mêlez-bien et mettez ce mélange dans une bouteille de verre double.

Ajoutez deux onces d'eau commune.

Dans une autre bouteille, ayez une livre et demie acide sulfurique, vulgairement appelé *huile de vitriol*, et toutes les fois qu'en entrant dans votre magnanière, vous sentirez l'air moins agréable à l'odorat que ne l'est celui du dehors, versez-en dans la bouteille où est le manganèse jusqu'à ce qu'il en sorte une vapeur blanche; alors promenez-la partout, ayant soin de la tenir au-dessus de votre tête pour ne pas être incommodé par la vapeur qui s'en dégage. Après deux ou trois minutes, bouchez la bouteille. L'huile de vitriol a dû produire son effet. Répétez cette fumigation au moins quatre ou cinq fois par vingt-quatre heures, à dater du troisième âge, et plus tôt s'il est nécessaire.

Si la matière se durcit dans la bouteille, délayez-là avec un peu d'eau.

Par ce moyen, vous détruisez les mauvaises odeurs.

Vous affaiblissez la fermentation de la litière,

Vous neutralisez les miasmes,

Vous augmentez l'air vital,

Et vous influez sur la santé de vos vers, et, par conséquent, sur la qualité de leurs cocons.

On obtient, dit encore le comte Dandolo, les mêmes résultats, à très-peu de chose près, en remplaçant le sel et le manganèse par dix onces de nitrate de potasse (nitre du commerce) bien humide ; il faut agir pour tout le reste comme dans le procédé ci-dessus.

On peut aussi assainir l'air au moyen du chlorure de chaux. C'est le procédé du fameux Labaraque. Voici comment il faut agir : Pour une magnanière de cinq onces de graine, prenez cinq onces chlorure de chaux en poudre ; versez-les dans un plat contenant dix litres d'eau pure, remuez bien, passez à travers un linge, et divisez ce liquide en six parties égales que vous placerez une à chaque angle et deux au milieu de votre magnanerie. Ce moyen, très-économique, est regardé comme excellent.

Les proportions de ces divers moyens sont pour une magnanerie de cinq onces ; on sent que, pour dix onces, elles doivent être doubles.

La chaux vive que j'indique comme moyen de sécher l'air, contribue aussi d'une manière très-puissante à son assainissement, par la faculté qu'elle a d'attirer à elle l'acide carbonique. On peut se procurer toujours de la chaux vive en pierre en la privant du contact de l'air; ce qu'on fait en la couvrant de sable... Voyez-vous dans votre magnanerie la chaux en poudre, remplacez-la par la même quantité de chaux en pierre ; ce moyen facile et peu dispendieux, puisqu'on peut employer la chaux en poudre qui n'a perdu presque aucune de ses propriétés, pourra produire sur votre chambrée le plus salutaire effet.

DE LA PREMIÈRE A LA DEUXIÈME MUE, OU DEUXIÈME AGE.

Les vers à soie qu'on a soin de tenir clair-semés et à une température convenable à leur âge, ne traînent point à la mue : ils s'éveillent (*sourtissou*) presque tous en même temps, parce qu'ils s'assoupissent (*s'ajhassou*) ensemble.

Quand même ils seraient tous éveillés (*sourtis*), s'ils sont peu épais, comme on doit les tenir pour en avoir *satisfaction*, il ne faut leur donner à manger que trois ou quatre heures après; en sortant de la mue, ils ont moins besoin de feuille que d'un air pur, passablement sec et légèrement agité, pour sécher leur peau et durcir leurs mâchoires ; mais dès qu'ils sont sortis, abaissez la température.

Après ce délai, posez légèrement sur vos vers des rameaux tendres de feuille de sauvageon ou de petite espèce, autant que possible, et, dès qu'ils y seront montés, transportez-les *proprement* sur les tables où ils doivent accomplir leur second âge, et que vous avez dû recouvrir de linges propres ou mieux encore de papier percé ; faites-en une bande au milieu du *canis*, et ayez soin qu'elle n'en occupe d'abord que la moitié, vos vers devant doubler pendant cet âge ; et, pour qu'ils soient toujours au large, n'oubliez pas de l'élargir à chaque repas que vous leur donnerez.

On peut désormais couper la feuille moins menu, et fixer à dix le nombre des repas. Vos vers changés, ôtez la litière, et une partie d'entre eux pourra dès-lors accomplir son second âge là où tous avaient accompli leur premier. Cet âge, à la température que je lui assigne (20 degrés), ne dure guère que quatre jours ;

dans ce cas, délitez à la fin du troisième, cette opération devant toujours se faire avant que la couche soit garnie de bave. Tout, dans ce petit insecte est merveilleux, et montre à l'homme attentif la sagesse de l'Eternel. Quelques jours avant de devenir malade, il mange avec une inconcevable voracité, et cela moins pour se soutenir dans le jeûne austère qu'il va subir, que pour s'aider dans le pénible travail qu'il va entreprendre. La grande quantité de feuille qu'il dévore doit lui fournir les sucs qui donnent à sa peau l'enflure indispensable pour le changement qui doit s'opérer; la bave (*blazo*) qu'il répand sur sa couche est destinée à retenir sa dépouille en arrière quand il se portera en avant pour s'en débarrasser. Quel instinct! Quelle sagesse!

La dose des repas doit toujours être réglée sur l'appétit des vers; pendant cet âge, 35 livres de feuille suffisent au produit d'une once; et néanmoins quels changemens ne se sont pas opérés! Leur longueur, qui n'était que de quatre lignes au commencement, est à la fin de six, et leur poids cinq fois plus grand qu'il ne l'était alors. Leur couleur est gris clair, et déjà l'on aperçoit sur leur dos les deux petites lignes courbes en forme de parenthèse.

DE LA SECONDE A LA TROISIÈME MUE, OU TROISIÈME AGE.

Dès que les vers sont bien éveillés, on les couvre doucement de rameaux de feuille fraîche et fine autant que possible; puis, au moyen de planchettes de 35 centimètres de long sur 35 de large, ayant un rebord de quatre, sur trois de leurs côtés, on les transporte de la petite dans la grande magnanerie; en appuyant sur le *canis* le côté de la planchette où il n'y a point de rebord, on peut les y faire glisser sans peine et sans danger pour eux.

On doit avoir chauffé la grande magnanerie avant d'y transporter les vers qui, pendant cet âge, doivent être tenus à une température de 19 degrés; un peu de paille foulée remplace dorénavant les linges ou les papiers nécessaires pour les deux premiers âges. Les derniers éveillés doivent rester dans la petite magnanerie, après qu'on l'a bien nettoyée, afin qu'on puisse, au moyen d'un peu plus de chaleur et de quelques repas intermédiaires, leur faire atteindre les premiers.

Plusieurs bons magnaniers, à dater de ce jour, ne coupent plus la feuille, et ne donnent que trois repas à huit heures d'intervalle l'un de l'autre. Je ne conteste pas qu'on ne puisse plus ou moins réussir en agissant ainsi, alors que la température est peu élevée, mais avec un air sec et chaud, une telle pratique est meurtrière. La muscardine, les passis, les luzettes et les tripés en sont la conséquence. J'ai déjà dit plusieurs fois qu'il fallait chaque jour éclaircir les vers à soie, pour qu'ils pussent manger, se mouvoir, respirer et transpirer à l'aise ; et néanmoins je le répète encore, tant je crois cette précaution indispensable à la prospérité de ces insectes. Devant doubler pendant cet âge qui, à la température indiquée s'accomplit dans cinq jours, les vers, formant une bande au milieu du *canis*, ne doivent en occuper que la moitié au moment où on les y transporte. En sortant de la troisième mue, et avant d'avoir pris aucune nourriture, les vers, d'un blanc jaunâtre, sont beucoup plus gros qu'ils ne l'étaient avant de s'assoupir ; leur longueur, de six lignes immédiatement après la deuxième, est de douze après celle-ci. Leur poids a quadruplé dans la même période ; alors il en fallait 610 pour une once, maintenant il n'en faut que 144 ; cent trente livres de feuille suffisent pour opérer ces changemens dans le produit d'une once.

DE LA TROISIÈME A LA QUATRIÈME MUE, OU QUATRIÈME AGE.

En sortant de la troisième mue, les vers à soie, transportés, ainsi que nous l'avons dit, sur les *canis* où l'on veut leur faire accomplir leur quatrième âge, ne doivent d'abord en occuper qu'un tiers, attendu qu'ils triplent pendant cet âge, et qu'il faut qu'ils soient toujours à l'aise pour pouvoir réussir.

Cet âge, durant lequel les vers d'une once mangent environ trois cent cinquante livres de feuille, croissent de six lignes et quadruplent leur poids, s'accomplit en six jours à 19 degrés.

Les vers commencent à transpirer beaucoup, et déjà même par un temps serein, mais calme, l'hygromètre signale de l'humidité dans la magnanerie. Toutes les fois que vous leur donnerez à manger, alors même qu'il n'y a pas nécessité de sécher l'air, et on ne doit chercher à le rendre plus sec que quand l'hygromètre y accuse plus de 90 degrés d'humidité (1), faites

---

(1) L'humidité dans l'air lorsqu'elle n'est pas trop forte est une circonstance favorable; dans la litière elle est funeste; et on ne peut l'y prévenir que par de fréquens délitages; opérez-les, il le faut; vos dépenses seront largement compensées.

un feu léger dans chacune de vos cheminées ; la flamme leur fait un bien sensible dans toutes les circonstances de leur vie. Renouvelez souvent l'air, ouvrez vos fenêtres et vos portes toutes les fois que la température extérieure pourra vous le permettre ; et, dans le cas où elle s'y opposerait, opérez ce renouvellement par la flamme dans les cheminées et par la bouteille purifiante.

Dans une magnanerie bien dirigée, l'air inintérieur doit, à cause de la feuille, être plus agréable à l'odorat que celui du dehors. Et cette bonne odeur n'atteste pas seulement les soins du magnanier, elle atteste encore la santé de la chambrée, et par cela même est un pronostic de réussite. A cet âge se manifeste chez des vers sains et vigoureux une frèze assez considérable ; à la température sus indiquée, elle a lieu le troisième jour, et le quatrième est celui où il faut déliter.

DE LA QUATRIÈME MUE AU MONTER,
OU CINQUIÈME AGE.

Toute personne, en élevant des vers à soie, aspire à avoir des cocons ; son attente est trompée, si elle ne réussit pas. Eh ! que de causes de non réussite ! que d'attentions, que de peines, que de veilles nécessitent la couvaison des œufs et l'éducation des vers dans leurs deux premiers âges ! Et ces peines, ces soins seraient entièrement perdus, si l'on se relâchait dans les deux qui les suivent, et surtout si l'on ne redoublait d'attention pendant les neuf ou dix jours qui séparent la dernière mue du moment où ils ont terminé leur cocon. Un magnanier prudent doit donc, pendant le cinquième âge, soigner ses vers avec d'autant plus d'attention, que de ces soins peuvent dépendre son profit ou sa perte. Les vers à soie qui périssent jeunes n'ont pas fait de dépenses ; mais ceux qui périssent au moment de produire emportent avec le prix de la feuille celui des travaux qu'ils ont nécessités.

A mesure que les vers grossissent, on voit se déclarer contre eux des ennemis qu'on doit vaincre sous peine de voir nos plus légitimes espérances s'évanouir avec la vie des insectes qui devaient les réaliser.

1° Une atmosphère trop humide ou trop sèche.

2° Un air impur, méphitique, impropre à la respiration, et il est tel : 1° quand il a été usé, respiré; quand il a perdu son oxigène; 2° quand il a été vicié par le mélange de certains miasmes qui peuvent se dégager des litières, surtout du gaz acide carbonique.

3° L'électricité de l'air qui, dans les temps d'orage, s'y trouve en grande quantité.

PREMIER ENNEMI.
L'atmosphère trop humide ou trop sèche.

Manœuvrez, pour le vaincre, de manière que votre hygromètre n'indique jamais moins de 75 degrés, ni plus de 95 (1). (*Voyez* pour les ravages de cet ennemi et les moyens de vous y soustraire à l'article *Muscardine*, ils y sont traités au long).

(1) N'économisez pas les frais d'un hygromètre, ayez en plutôt *deux* que pas *un*. Consultez-le souvent et ne méprisez pas les avis qu'il vous donne. Vous ne voudriez pas vous passer de thermomètres et vous avez raison. Eh bien ! les hygromètres vous sont encore plus nécessaires ; trop de sécheresse ou d'humidité sont plus à craindre que trop de chaleur ou de froid et distinguerez-vous ce cruel ennemi si rien ne le signale?...

DEUXIÈME ENNEMI.
L'air malsain ou méphitique.

L'air, dans vos magnaneries, est-il vicié, gâté? Et ici n'ayant pas de moyens de s'en convaincre, à moins de se procurer l'*eudiomètre* inventé par M. Bellani, physicien de Milan, on doit toujours le supposer tel, il vaut mieux pécher par trop de précautions que par trop peu. Alors employez la bouteille purifiante (*Voir* chapitre IV, à la fin), promenez-la souvent autour de vos *canis*, et laissez-la même ouverte, tantôt à l'un des coins de votre atelier, et tantôt à l'autre; ayez soin de faire renouveler l'air intérieur, soit par les soupiraux, soit par les fenêtres, en ouvrant les châssis, si le temps est beau, soit par la flamme dans les cheminées; s'il ne l'est pas, soit enfin par tous ces moyens à la fois, si le cas l'exige.

Jusqu'ici bien des personnes ont cru purifier l'air de leur magnanerie, en y brûlant quelques substances végétales, dont la combustion répand une odeur qui flatte l'odorat. Ce procédé n'est pas seulement inutile, il est nuisible en ce qu'il produit un effet tout contraire à celui qu'on croyait en obtenir. Sans doute, après avoir brûlé du thym, du serpolet, du romarin, du genièvre, etc., l'on sent dans la magnanerie une odeur différente de celle qu'on y sentait avant d'avoir brûlé ces substances; mais pourquoi? Parce que la dernière odeur domine et masque la première. Loin d'être plus pur, l'air est plus malsain : car cette combustion de végétaux odoriférans a consumé de l'air vital (oxigène) et dégagé de l'air méphitique (acide carbonique) qui nuit étrangement aux vers qui le respirent. Le vinaigre qu'on répand sur des corps en état d'incandescence produit le même effet.

TROISIÈME ENNEMI.
L'électricité qui se trouve en grande quantité dans l'air atmosphérique dans les temps orageux.

L'électricité joue un très-grand rôle dans la nature, et néanmoins elle est encore bien peu connue. Toutefois on n'ignore pas qu'elle concourt à la prompte putréfaction des viandes; qu'elle fait tourner le lait qu'on vient de traire, et, ce qu'on sait bien aussi, c'est qu'il est fort dangereux que le tonnerre gronde, et surtout qu'il éclate au moment où l'on vient de ramer (*embruga* ou *embruca*); alors les vers tombent, et leur chute, que l'on attribue généralement au bruit de la foudre, n'est que le résultat de l'effet qu'a produit sur eux l'électricité dont la foudre est la conséquence (1). L'abbé de Sauvages démontre que, par un temps serein, les plus violentes secousses imprimées à l'air de la magnanerie ne produisent sur eux aucun fâcheux effet. Or, n'est-il pas naturel de conclure que c'est à l'électricité dont le tonnerre indique la présence, et non au tonnerre lui-même, que sont dus les désastres qui trop souvent ont lieu dans les chambrées mal conduites. Et ce qui nuit tant au ver à soie, à une certaine époque de sa vie, ne doit-il pas lui nuire toujours?...

Si donc vous voyez se former un orage assez près de vous pour que vous puissiez en craindre les effets, agissez comme il vous est prescrit à la fin du quatrième chapitre, et n'attendez pas pour agir que la foudre ait éclaté; car alors une partie du danger n'existe plus,

---

(1) Les désastres qui trop souvent se manifestent à la suite des orages, peuvent également avoir pour cause les touffes qui les précèdent. Alors l'air très-chaud est aussi très-desséchant. La transpiration des vers est surexcitée, leur respiration haletante ils peuvent périr asphyxiés; — morflats ou muscardins. (*Voyez* art. MUSCARDINE).

chaque coup de tonnerre, chaque éclair tendant à détruire l'amas d'électricité qui le constitue et duquel il résulte. Avant que l'orage se décide la touffe se fait sentir, le temps est bas, lourd, pesant, la chaleur suffocante. C'est le moment de se mettre à l'œuvre et le cas de travailler avec ardeur.

Maintenant que nous connaissons les moyens de vaincre les ennemis de nos insectes, voyons comment nous devons les conduire de la quatrième mue au moment où ils doivent monter.

Pour accomplir cet âge durant lequel ils doublent, il faut au produit d'une once 39 mètres carrés de tables, et environ dix-sept quintaux de feuille, n'en ayant pas mangé le tiers pendant les quatre premiers, et vingt-cinq quintaux étant nécessaires dans tous les pays où l'on n'a pas une feuille fine et peu chargée de mûres, pour conduire ce produit, s'il a été bien soigné, de la coque à la bruyère (1).

(1) Pour la feuille nécessaire aux vers issus d'une once (31 grammes) comme pour la place qu'ils exigent à leurs différens âges, mes calculs sont faits d'après ma graine. Une once ne produit pas seulement un quintal, mais 130-140-150 livres. Est-il étonnant que mes vers occupent plus d'espace et consomment davantage. Certains bons auteurs ne sont pas si exigeans, 30 mètres de surface et 20 quintaux de feuille leur suffisent pour le

Après avoir proprement placé les vers sur une bande au milieu du *canis* où ils doivent accomplir leur cinquième âge, il faut aussitôt déliter pour préparer la place de ceux qui doivent l'accomplir là où ils ont fait la mue. Pendant cette opération, promenez la *bouteille purifiante*, ouvrez les châssis si le temps est sec et serein ; sinon, faites de la flamme à vos cheminées.

Donnez-leur cinq repas, et mesurez-en la dose sur leur appétit. Il est fort important de ne pas trop les rassasier pendant les jours qui suivent la mue, si l'on veut leur voir acquérir une constitution vigoureuse. Comme aussi il est toujours essentiel de leur donner le temps de digérer leur repas pour qu'ils en puissent bien élaborer les diverses substances. Faire de la flamme dans les cheminées toutes les fois qu'on leur donne à manger, est une excellente pratique qu'on fera bien de suivre. Si l'air extérieur est humide, les feux de flamme doivent être continuels, mais beaucoup plus petits,

---

produit d'une once, mais 1° ils ne connaissent pas la graine obtenue par ma méthode; 2° la feuille consommée pendant les quatre premiers âges, par conséquent avant sa maturité, n'entre dans leurs calculs que pour le poids qu'elle avait au moment où elle a été cueillie. Un tel compte est évidemment faux.

afin de ne pas lui communiquer un trop fort mouvement.

A la température de 18 degrés, les vers monteront le septième jour, ou tout au moins le huitième à bonne heure ; dans ce cas, il faut déliter le quatrième et le sixième, c'est-à-dire la veille de la grande frèze et celle du jour où l'on doit ramer. Si le temps était humide, il faudrait, pour prévenir la fermentation de la litière, et par là les terribles maladies qu'elle engendre, déliter tous les deux jours. Pitaro veut qu'à tout âge on agisse ainsi, quelles que soient les circonstances atmosphériques.

L'ingénieux moyen par lequel ce savant italien opère ses délitages me paraissant devoir simplifier cette opération dans une magnanerie qui lui serait appropriée, et exercer dans tous les cas une salutaire influence sur la santé des vers, et, par conséquent, sur la réussite de nos chambrées, je crois devoir consacrer quelques lignes à le faire connaître. Ses *canis*, dont le fond est de fil de fer tressé en mailles de 7 à 8 lignes de diamètre, sont parfaitement égaux entre eux, et ont un rebord dont la hauteur ne dépasse pas 18 lignes. Veut-il déliter, il place un *canis* propre et recouvert de feuilles sur celui dont il veut opérer le délitage. Les vers de ce *canis*, attirés par l'odeur de la feuille qui se trouve sur l'autre, l'abandonnent avec empressement; quand il n'y en reste plus, il le retire, le nettoie et l'emploie au même usage en le faisant servir de couvercle à un autre *canis*. Cette opération a, comme il est aisé de s'en apercevoir, la plus exacte ressemblance avec le mode généralement employé pour recueillir ces petits insectes au moment où ils viennent d'éclore. — Dans celui-ci, un papier criblé de trous, une pièce de tulle ou de canevas sont ce qu'est dans celle-là le *canis* à claire-voie.— M. Benjamin Cauvi, dans le chapitre qui termine sa *Méthode perfectionnée*, indique, comme un perfectionnement à apporter dans l'éducation des vers à soie, le même procédé que celui du docteur italien. L'a-t-il inventé, nous devons le croire, et, dans ce cas, ce sont deux témoignages en faveur du même procédé; deux voix compétentes qui réclament la même innovation. Cette amélioration est dispendieuse, sans doute, mais doit-on reculer devant une légère dépense quand son premier résultat doit fournir à celui qui consent à la faire, le moyen d'en être défrayé. Et d'ailleurs cette dépense serait-elle bien grande, si, comme le dit M. Cauvi, on remplaçait le fil de fer par du filet de chanvre, du roseau, de l'osier, des côtes de châtaignier, de saule ou de tout autre arbre selon les localités. Et le plus grand avantage des *canis* à jour ou à claire-voie ne serait pas la facilité du délitage : combien ne contribueraient-ils pas à la santé et par la même à la réussite des vers à soie, en leur procurant celui de n'avoir jamais qu'une très-faible couche et une couche toujours sèche. Or, nous savons combien leur sont préjudiciables les vapeurs méphitiques qui se dégagent incessamment d'une couche en fermentation. Ce mode d'éducation, auquel se rattachent de si précieux avantages, paraît joindre à l'inconvénient de laisser passer quelques vers à soie à travers les mailles des *canis*, celui de laisser tomber sur ceux d'un *canis* inférieur les excrémens de ceux qui sont placés immédiatement au-dessus. Ces deux inconvéniens sont sans remède ; mais ils ne me paraissent pas fort dangereux. Pour les deux premiers âges, il faut des *canis* à mailles plus étroites : on peut toutefois se servir de ceux dont on se sert pour le dernier âge en les recouvrant d'un réseau de filet. Au reste, je n'ai jamais fait de ce mode d'éducation aucune expérience ; ce n'est encore pour moi qu'une simple théorie que je me propose d'éprouver au creuset de la pratique. M. Cauvi pense qu'avec des *canis* de ce genre et de trois pieds de large sur le double de long, adossés l'un à l'autre pour profiter l'espace, deux personnes pourraient, en quatre heures de temps, déliter les vers à soie provenus de 12 onces d'œufs au dernier âge de leur vie. — L'économie de temps, au moment où le temps est si précieux, milite fortement en faveur de cette réforme, qui, au moyen d'un tiers de *canis* de rechange, permettrait de déliter tous les deux jours, et, par conséquent, de tenir les vers à soie dans l'état de propreté que leur santé réclame et que leur réussite exige (1).

Quarante-huit heures avant leur maturité, les vers ont atteint leur plus grande grosseur; on en voit de quarante lignes de longueur, et en général les sept pèsent une once. Dès ce jour, leur appétit diminuant, leur poids et leur vo- volume diminuent aussi à raison de l'étonnante quantité d'exhalaisons qui sortent de leur corps, et qui n'y sont plus remplacées. Que de mal produisent ces exhalaisons quand l'effet n'en est pas détruit par les moyens que j'indique, et voilà pourquoi tant de chambrées périssent après

---

(1) Les filets remplacent assez bien les canis de ce genre. Toutefois, je dois le dire, ils ne présentent pas les mêmes avantages.

avoir doné les plus belles espérances. Il est infiniment dangereux, qu'on ne l'oublie point, de ne pas tenir l'air doucement agité dans les magnaneries, attendu que c'est un des meilleurs moyens de prévenir les funestes effets de l'humidité qui y règne, en entraînant au dehors les vapeurs qui s'exhalent des vers, de leur litière et de la feuille. Une précaution qu'il faut avoir bien soin de ne pas négliger non plus, c'est de donner aux vers, le jour qui précède leur maturité, la feuille la plus fine. De cette précaution peuvent résulter de très-grands avantages.

CHAPITRE V.

DU RAMAGE (1).

Le ramage et les soins qu'exigent les vers à soie jusqu'au moment où ils ont terminé leur cocon, forment la dernière et la plus critique période de leur cinquième âge. En effet, c'est celle où l'intelligence, l'exactitude, le savoir-faire sont le plus indispensables; celle où l'ignorance et la paresse peuvent avoir les plus funestes résultats.

Si mon but avait été d'écrire l'histoire de ces précieux insectes, je n'aurais pas négligé, comme je l'ai fait jusqu'ici, la description des

---

(1) Je donne le nom de *ramage* à l'action qu'exprime le verbe *ramer* dont je me sers dans ce chapitre pour désigner celle qui consiste à donner aux vers à soie le bois, la bruyère, les rameaux sur lesquels ils doivent bâtir leurs cocons. Ces deux termes ne sont pas, dans ce sens, plus français l'un que l'autre, mais pourquoi ne les franciserait-on pas ? n'expriment-ils pas des idées nécessaires ?

nombreux phénomènes qu'offre aux yeux de l'observateur le moins attentif leur éphémère existence, et je n'omettrais pas en ce moment celle de leur maturité; mais j'ai voulu seulement indiquer les moyens de rendre leur réussite moins casuelle et plus abondante; et, pour atteindre ce but, je n'ai pas plus besoin de faire parade de science en parlant de ce qui ne saurait y conduire, que d'apprendre aux magnaniers ce que nul d'entre eux n'a besoin de savoir, ce que tous connaissent par leur propre expérience.

Pour produire un bon cocon, le ver à soie ne doit être presque plus composé que de deux substances, la substance animale et la substance soyeuse. Les vers mûrs, il faut ramer, et le faire de telle sorte, que les cabanes n'aient pas plus de trente-cinq centimètres de largeur, afin que les vers n'aient pas trop de chemin à faire, que la bruyère ne soit pas trop épaisse, pour que l'air puisse y circuler librement, et l'insecte s'y loger sans peine; enfin, que les rameaux, ouverts en éventail, forment une courbe qui les unisse d'une cabane à l'autre, au-dessous du *canis*, et ne soient jamais placés de manière à exposer les vers à périr en tombant sur le carreau.

Les distributeurs de feuille *(lous aribaïres)*

doivent suivre ceux qui donnent le bois ; mais ils ne doivent en distribuer que peu, l'appétit des vers ayant beaucoup diminué, et leur forces digestives baissé à tel point, que leurs excrémens ont presque la couleur et le goût de la matière dont ils sont formés ; ce qui démontre qu'elle n'a pas été décomposée dans leur corps.

Nous touchons au but, nous sommes près du port, mais nous n'y sommes pas entrés. Voici le moment de faire une sérieuse attention à deux choses bien essentielles : la première, d'approcher de la bruyère les vers mûrs ; la seconde, de distribuer souvent quelques feuilles à ceux qui ne le sont pas encore. Ces soins peuvent avoir les plus grands résultats. Le ver ne monte que quand il n'a plus besoin de manger ; mais, chose extraordinaire, et que j'affirme après le comte Dandolo, pour l'avoir observée comme lui, il en est qui mangent avec fureur, même après leur maturité, et qui périssent gorgés de feuille, alors qu'ils auraient fait un bon cocon, s'ils avaient été rapprochés du bois par la main d'une personne vigilante.

L'expérience m'a convaincu que pour une chambrée bien conduite, dont les vers ont été toujours suffisamment espacés sur les canis, convenablement servis, également chauffés ; en un mot, soignés ainsi que je l'indique, deux ou tout au plus trois petits repas suffisent après le ramage. Et en économisant la feuille on ne diminue seulement pas la dépense, on augmente la recette. Quand parmi de tels vers, quelques-uns sont déjà mûrs, tous les autres sont bien près de leur maturité. Ainsi des repas fréquens et copieux ne pourraient que leur nuire, soit en les excitant à manger sans besoin, soit en augmentant la trop grande humidité de la magnanerie. Le lendemain du ramage, opérez dans vos gabions le délitement chinois. Répandez une couche de deux doigts de paille, propre, sèche, grossièrement hachée. Sur ce nouveau lit que les vers s'empressent d'occuper, parce qu'il est plus propre, plus sec, conséquemment plus agréable que celui qu'il remplace, jetez quelques feuilles, et dans quelques heures vous aurez à vous louer des résultats de cette opération. Vos paresseux auront repris une vigueur, une activité qu'ils n'auraient pas retrouvées sans elle.

Pendant ces derniers jours, que les thermomètres et les hygromètres (1) soient souvent con-

(1) Il est essentiel que ces instrumens soient exacts. MM. Jeunet et Cᵉ, opticiens, boulevart St-Antoine, 3, à Nimes. On trouve chez eux, thermomètres, baromètres, hygromètres, aréomètres, etc. excellens et à des prix modérés ; des coupe-feuille à 60, 80 et 100 fr. le grand modèle.

sultés. Chassez avec soin de votre magnanerie l'air trop humide, froid ou méphitique; que la température s'y maintienne à 18 degrés.

Un air froid durcit la matière soyeuse au point que, ne pouvant pas passer par les filières rapetissées par la même cause, le ver tombe et devient court (*courcho*); un air trop humide l'empêche de contracter sa peau, et par conséquent d'évacuer ses excrémens et de vomir sa soie; et ce n'est pas encore là tout le mal qu'il produit : en lui enlevant le pouvoir de transpirer, il peut développer la grasserie, la jaunisse, engendrer les porcs et les morts flats, les tripés blancs. Un air vicié est toujours funeste. Nous avons indiqué au premier paragraphe du quatrième chapitre le moyen de détruire les causes de non-réussite; qu'on ne néglige pas d'en faire usage. Dandolo veut qu'on ôte la litière à mesure qu'on rame. Je crois qu'il est plus convenable de le faire la veille du jour où l'on doit ramer.

Trente ou trente-six heures après avoir ramé, si la chambrée a été bien conduite, et si d'ailleurs on a eu soin d'approcher du bois les vers mûrs, et de donner quelques feuilles à ceux qui ne l'étaient pas, il ne restera que peu de vers dans les cabanes. Il convient alors de les en retirer et de les porter dans une chambre sèche où le thermomètre soit à 19 degrés ; là, on doit leur donner en même temps de la feuille et du bois : c'est le moyen d'en tirer le meilleur parti possible. Si l'on n'a pas d'appartement pour les loger, il faut, après les avoir bien séchés et échauffés au soleil, les ramer dans un coin de la magnanerie. L'abbé de Sauvages prescrit de les laver avec de l'eau fraîche avant de les exposer au soleil. Je ne pense pas que cette précaution soit indispensable à leur réussite, mais je ne crois pas non plus qu'elle puisse leur nuire ; je l'ai éprouvé.

Des vers sains et vigoureux, dans une magnanerie suffisamment sèche et à une température de 18 degrés, ont terminé leur cocon en trois jours, et plus tôt, si la température est plus élevée ; il leur faut plus de temps, s'ils ne sont pas bien sains, s'ils sont exposés au froid ou à une trop forte humidité ; mais, dans ce cas même, six ou sept jours après que les derniers auront été enlevés des cabanes, on pourra *déramer* ; quand les cocons sont faits, rien ne presse tant que de les vendre (1). La chrysalide se sèche ; et

(1) Deux jours après avoir opéré le *démamage* (sorti des *gabions* les retardataires) il faut avoir soin d'ôter de la bruyère tous les vers qui n'auraient pas formé leur cocon et les joindre à

dans les quatre premiers jours qui suivent celui où ils auraient pu être vendus, jour que je fixe au septième à dater du *démamage*, ils perdent trois pour cent de leur poids ; dans les jours suivans, la perte est proportionnellement beaucoup plus considérable : 1,000 livres de cocons à une température comme celle que j'indique pour cette période du cinquième âge, n'en pèsent plus que 925 dix jours après qu'ils ont été déramés. On voit par-là combien il est avantageux d'avoir des vers égaux, afin que l'on puisse les ramer ensemble et vendre leur produit le même jour.

ceux qu'on a retirés des cabanes et qu'on a dû ramer à part. Cette opération est indispensable pour pouvoir déramer sans crainte le septième jour après le démamage. En la négligeant on s'exposerait à avoir des vers dans certains cocons.

CHAPITRE VI.

MANIÈRE DE FAIRE LA GRAINE.

Une opération très-importante dans l'éducation des vers à soie, est celle qui a pour objet d'en obtenir les œufs.

Chacun peut savoir que j'ai publié par souscription, et à 10 fr., une *Méthode* nouvelle pour les obtenir à leur plus haut point de perfection. Je ne dois pas la consigner ici; il ne serait pas juste que les uns obtînssent pour 6 fr. ce qui en coûte 16 aux autres. Néanmoins, pour les non-souscripteurs, je dois dire quelque chose de cette opération. Je me borne à analyser l'article qui lui était consacré dans ma troisième édition, convaincu que chacun voudra se procurer ma nouvelle *Méthode*.

Choisissez les meilleurs cocons; après les avoir bien débourrés, passez-les en chapelet, placez-les dans un appartement où le thermomètre ne marque pas moins de 16 degrés ni plus de 19. Faites vider vos femelles avant de les accoupler; tenez vos malles dans une boîte percée de quelques trous et recouverte d'un linge noir, si vous n'aimez mieux les tenir dans une chambre obscure.

Après six heures d'accouplement, prenez vos femelles le plus délicatement possible, et posez-les sur les linges où elles doivent pondre leurs œufs. Jetez vos mâles, ne les faites jamais servir plus d'une fois. Votre graine ayant acquis sa couleur normale, violet plus ou moins foncé, ou plutôt gris d'ardoise, placez vos linges de ponte dans un lieu sec et frais. — Visitez-les souvent en été, pour voir que les teignes n'y fassent point de ravage. En hiver, cette précaution est inutile; il suffit qu'elle soit défendue des rats et dans un endroit où la température ne s'élève point au-dessus de 10 degrés, et ne descende pas au-dessous de zéro.

CHAPITRE VII.

DES MALADIES DES VERS A SOIE DANS LEURS DIFFÉRENS AGES ; DES CAUSES QUI LES PRODUISENT, ET DES MOYENS DE LES PRÉVENIR.

Nous ne dirons pas, comme M. le comte Dandolo, que pour voir des vers mauvais nous avons été obligés d'aller dans les magnaneries de nos voisins : nous en avons trouvé dans la nôtre, et cependant notre réussite a constamment répondu à nos désirs. Nul doute que, dans la chambrée la mieux conduite, ne puissent se trouver des vers malsains et qu'on n'y en trouve sans peine, quand on voudra bien y en trouver(1)

---

(1) Quand j'écrivis, en 1835, ces lignes tant soit peu ironiques, je ne possédais pas en entier le précieux moyen d'obtenir la graine à son plus haut point de perfection. En 1846, parmi les vers qui m'ont produit 1,468 livres de très-beaux cocons, il n'en a été trouvé qu'un de mauvais, un gras. C'est ce qu'atteste un rapport en bonne forme dressé par une commission du conseil municipal de Sauve, d'après la déposition de mes rameurs et aides magnaniers. Je ne doute plus aujourd'hui qu'avec ma *Méthode* et mon *Guide* l'affirmation de M. le comte Dandolo ne puisse devenir vraie.

D'où viennent les maladies dont ces vers sont atteints? 1° Des œufs; 2° de la manière de les faire éclore; 3° ou du peu de soin qu'on apporte à leur éducation.

I.

L'imperfection de la graine est une source abondante de maladies pour les vers qui doivent en résulter.

Et la graine est imparfaite lorsque les papillons sont nés et ont été accouplés dans un appartement froid. A 10 et même à 12 degrés de chaleur, le mâle n'a que peu d'humeur fécondante et de mauvaise qualité, et d'un œuf mal fécondé ne peut naître qu'un ver faible et valétudinaire.

La graine est encore imparfaite, si l'appartement dans lequel les papillons sont nés et ont été accouplés est à une température au-dessus de 20 degrés; dans ce cas, le mâle perd une partie de son humeur fécondante, s'il n'est pas bientôt accouplé; et s'il l'est trop tôt, cette humeur est affaiblie par les matières liquides et terreuses dont la femelle surabonde.

Les œufs, fussent-ils faits avec les conditions

prescrites, seraient détériorés, si on les gardait trop entassés ou dans un local humide ou dans un local exposé à des transitions subites de température, dans un local ou le thermomètre montant au-dessus de 16 degrés en été, descendrait au-dessous de zéro en hiver.

II.

Les maladies des vers à soie proviennent aussi de la manière de les faire éclore, et elles ont lieu :

1° Quand l'embryon, prêt à devenir ver, est tout à coup exposé à une chaleur trop forte, et surtout trop sèche ; alors, au lieu de naître châtain foncé, qui est sa couleur normale, il naît rouge ;

2° Quand, au moment de naître, l'embryon passe du chaud au froid, le dommage, dans ce cas, est relatif à la durée de cet état ; alors le développement du ver est retardé, et l'humidité dans laquelle il reste, et qu'aurait évaporée une chaleur convenable, le fait beaucoup souffrir.

3° Quand, en venant de naître, les vers passent à une température plus chaude et plus sèche que celle où ils sont nés ; alors l'évaporation altère et détériore leurs organes ;

4° Quand, dans les mêmes circonstances, c'est-à-dire en venant d'éclore, les vers passent du chaud au froid ; si cet état ne dure pas, le dommage est peu considérable ; mais s'il se prolonge, il nuit beaucoup à leur constitution ; dans tous ces cas, leurs réservoirs soyeux se trouvent altérés, et, s'ils le sont profondément, on n'en doit rien attendre. A l'éclosion il faut éviter avec le plus grand soin une trop grande sécheresse, l'hygromètre doit marquer au moins 70 degrés. Que d'éducations compromises, manquées, parce qu'il n'en marque que 35 ou 40.

III.

Enfin, les maladies des vers à soie résultent du peu de soin qu'on apporte à leur éducation.

1° S'ils sont trop épais, ils ne peuvent ni se mouvoir, ni manger, ni respirer, ni transpirer à l'aise : ils s'appauvrissent. Dans ce cas ils ne s'appauvrissent pas ensemble : en donnant à manger aux uns, on ensevelit les autres sous la feuille, et là, entre des corps humides, leurs organes doivent nécessairement s'altérer, surtout si la litière est chaude.

2° Si l'air de la magnanerie n'est pas souvent renouvelé, s'il est impur, trop sec ou trop humide, il en résulte de grands maux : le ver s'affaiblit et peut périr en peu d'instans. Une saison pluvieuse aggrave ces dangers, et par l'humidité qu'elle procure, et surtout par les jeûnes qu'elle impose. Les maladies terribles qui affligent les magnaneries durant le cinquième âge des vers à soie, n'ont guère d'autres causes que le manque de soins. A cet âge, ils mangent beaucoup, et, par conséquent, ils doivent beaucoup transpirer, puisqu'ils n'ont pas d'autres moyens de se débarrasser de la grande quantité d'eau qu'ils avalent avec la feuille, trente quintaux de celle-ci en contiennent vingt de celle-là. Si l'on n'a pas soin, 1° de les tenir clair-semés, 2° de sécher l'air trop humide, 3° de le renouveler, 4° de l'agiter, 5° de le purifier, 6° de déliter souvent et de leur donner toujours de la feuille bien prête, on est exposé à la jaunisse, à la terrible muscardine (1), à la maladie des morts blancs ou *flats*.

Après avoir indiqué d'une manière générale, la cause des maladies sous l'action desquelles succombent trop souvent nos vers, nous allons

(1) *Voyez* chapitre *Muscardine*

les caractériser une à une, et indiquer les moyens de les prévenir.

❧

DES PASSIS, DES ARPES OU ARPIANS, DES LUZETTES
ET DES ROUGES.

On donne ce nom aux vers qui ne s'emplissent pas et qui s'éloignent de la litière et de la feuille. Cette maladie, qui ne se manifeste guère que dans le second âge, c'est-à-dire après la première mue, quoiqu'elle existe dans le premier, peut être comparée à une phthisie ou marasme qui rend ces insectes chétifs, maigres, effilés et sans vigueur; on ne s'aperçoit de ses ravages que par le peu d'accroissement de la chambrée, parce que, dans le premier âge, les corps de ceux qui en périssent ne peuvent point être aperçus à l'œil nu à cause de leur petitesse et de la conformité de leur couleur avec celle de la litière.

Les *arpians* ou *arpes* et les *luzettes* ne sont que des *passis*, qui, moins attaqués que ceux qui périssent à la première ou à la seconde mue, traînent leur débile existence jusqu'à la troisième, à la quatrième et quelquefois jusqu'au monter.

Les *arpes*, à la troisième et quatrième mue, ont les pattes longues et comparativement fort grosses ; elles s'attachent si fortement aux objets, qu'on ne peut les en séparer qu'avec effort ; enfin, elles n'ont presque jamais de crottin (*pecolo.*)

Les réservoirs soyeux étant les organes les premiers altérés dans toutes les maladies, excepté dans la muscardine, les luzettes ne font jamais qu'une misérable peau, alors qu'elles ne sont pas tout-à-fait hors d'état de filer.

Cause des passis. L'état de la graine peut entrer pour beaucoup dans la plupart des maladies. L'influence qu'elle exerce est difficile à déterminer ; mais on comprend sans peine que ce qui peut nuire beaucoup à un ver faible parce qu'il est sorti d'une graine mal fécondée, mal tenue, mal couvée, peut ne nuire que médiocrement, et même ne pas nuire du tout à un ver vigoureux. Cette observation, qui s'applique à la plupart des maladies dont ces petits insectes peuvent être atteints, doit engager toute personne jalouse de réussir dans leur éducation, à en faire pondre elle-même les œufs ; ou du moins à ne se décharger de ce soin que sur une personne capable, intelligente et soigneuse, afin d'être bien assurée qu'ils ont été pondus dans les condition voulues pour réussir.

Les *passis* proviennent de la trop forte chaleur donnée à la graine au moment où le ver veut en sortir, ou bien au ver lui-même dès qu'il en est sorti. (*Voy.* l'art. *Éclosion.*) Dans ces deux cas, une trop forte évaporation altère et dessèche leurs débiles organes. La même cause ne saurait plus tard produire cet effet, parce qu'il prend de la nourriture, et avec elle le moyen de réparer les pertes occasionnées par l'évaporation. Mais si l'alimentation n'est pas suffisante et toujours proportionnelle à la température, il en résulte toute sorte de maux ; leur volume étant très-grand relativement à leur masse, leur corps offre une grande prise à l'action de la chaleur ; l'évaporation doit être grande, et il faut, pour qu'ils n'en souffrent pas, leur donner très-souvent à manger, si l'on veut les hâter par le feu.

La cause que nous assignons à cette maladie est d'autant plus probable, qu'elle est presque générale quand la saison est froide : alors les magnaniers qui agissent sans principes brûlent leurs chambrées ; elle est inconnue dans le midi de l'Italie et en Espagne, où une température plus chaude a fait prévaloir l'usage de les élever sans feu. Ce mal étant sans remède, le parti le plus sage est de jeter les vers en qui il se manifeste, pour ne pas s'exposer à perdre sa feuille et son travail. La maladie connue sous le nom de *rouge* n'est pas autre que celle dont nous venons de parler. Les rouges sont des vers brûlés, les passis du premier âge.

DE LA GRASSERIE OU VACHERIE ET DE LA JAUNISSE : GRAS JAUNES OU PORCS, APPELÉS AUSSI VACHES.

Cette maladie, la seule dont parle le célèbre Vida se déclare communément à la seconde mue. Convaincu que tout le monde en connaît les caractères, et que je n'apprendrais rien à personne en décrivant les effets qu'elle produit sur les vers qu'elle attaque, je me bornerai à dire que les jaunes du cinquième âge ne sont que les gras des quatre premiers.

On a observé que cette maladie règne :

1° Dans les années qui ont été précédées d'un

hiver chaud, quand la graine, mal hivernée, éclot en deux ou trois jours, ce qui n'arrive jamais, quand on a soin de la tenir, dans toutes les saisons, entre le 1er et le 10e degré;

2° Quand, faisant éclore au nouet *(à la fate)*, on tient la graine trop épaisse, et qu'on n'a pas soin de l'ouvrir souvent pour en laisser échapper l'humidité, résultat de sa transpiration. Cela n'arrive point avec le mode que je propose;

3° Quand on donne aux vers nouveaux-nés de feuille trop dure. On a cru jusqu'ici que c'était le contraire, et que l'extrémité de la pousse engendrait les gras : l'expérience a prouvé que c'était une erreur. La feuille jaunie par le froid, non plus que celle qui vient après que le froid l'a *tuée*, n'est pas cause de cette maladie. Il est bien vrai qu'elle règne généralement après que la gelée blanche a broui la première feuille; mais c'est bien moins parce qu'on leur donne de la feuille de regain, que parce qu'on leur sert de celle qu'avait épargnée la gelée, et qui est trop dure pour leurs organes délicats, surtout trop peu aqueuse. D'ailleurs la feuille n'est presque jamais *tuée* qu'après un hiver doux, et le mal, dans ce cas, se trouve dans la graine.

4° Quelques magnaniers pensent que le froid, pendant les mues, peut engendrer des gras. Cette opinion, qui n'est pas sans vraisemblance, doit être un motif de plus de tenir toujours les vers à la température que leur bien-être exige, et que nous avons indiquée pour chaque âge.

Les jaunes qui, comme je l'ai dit, sont les gras du cinquième âge, doivent la couleur qui les caractérise à la teinte que donne au liquide infiltré dans tout leur corps, la matière soyeuse beaucoup plus abondante dans cet âge que dans aucun des précédens. Les vers à cocons blancs ont, dans cet état, une couleur semblable à celle de leur soie. Le défaut de transpiration, telle est la cause de cette bouffissure qu'on aperçoit en eux. Leur hydropisie est la suite de l'abondance d'eau qu'ils ont avalée avec la feuille, et que la trop grande humidité de l'air, rendu plus pesant par la présence de l'acide carbonique, ne leur a pas permis d'expulser. M. Benjamin Cauvi, qui attribue cette maladie à la nourriture que prennent les vers à l'époque des mues et de la maturité, croit, par conséquent, qu'on peut la prévenir en les sevrant à propos, et avance même qu'un jeûne rigoureux peut rendre à la santé ceux qui en seraient atteints, pourvu que leur liqueur ne fût pas encore trouble (1). Nous ne sommes pas loin, à ces divers égards, de partager l'opinion de cet habile éducateur, mais nous ne partageons point celle du docteur *Fontana*, qui prétend opérer la guérison des jaunes en les tenant *une minute* plongés dans du vinaigre. Faites éclore vos vers

---

(1) J'ai éprouvé le *remède Cauvi;* j'ai pris 12 vers en tout semblables, de ces vers appelés rôdeurs, parce qu'ils courent après la feuille tandis que leurs frères, dont ils ont dépassé le volume, en conséquence de leur vorace appétit, s'assoupissent; s'endorment ; j'en ai sevré six, j'ai fait manger les six autres; eh bien ! dix heures après les six sevrés entrèrent en mue et dans trente en sortirent très-beaux, les six servis devinrent six gras ou porcs. Diminuez donc vos repas la veille des mues et à la montée; dans les gabious n'en servez pas plus de trois et très-peu copieux. Je suis convaincu qu'un grand nombre d'éducateurs dépensent beaucoup de feuille pour appauvrir leurs vers. Sans doute ils n'entrent en mue qu'après avoir mangé ce qu'il leur faut; mais si vous les servez trop copieusement plusieurs se gorgeront, et, loin d'entrer en mue ils entreront en *grasserie*. Combien de malades périssent par l'effet de leur gloutonnerie !... et pour les vers la mue est une maladie. On en voit, j'en ai bien souvent vu, qui par suite de l'habitude mangent avec avidité après avoir perdu leur faculté digestive ; pourquoi n'en verrait-on pas manger ainsi à la fin de tout âge. La maturité n'est pas autre chose que celle du cinquième; or, cet appétit ne doit point être provoqué, il ne peut que leur nuire quel que soit celui dans lequel il se manifeste pour peu qu'il soit satisfait. Que vos vers ne se couchent jamais sur leur feuille, mais sur ses débris naturels : ne leur en servez donc à l'entrée des mues qu'autant qu'il leur en faut raisonnablement; qu'elle soit toujours achevée. C'est ainsi que j'opère et je m'en trouve bien, en économisant ma feuille je conserve la santé de mes vers.

à soie à l'étuve, tenez-les clair-semés, faites-les marcher comme la feuille, donnez-la leur tendre, délitez souvent pour prévenir l'humidité de la couche et par là sa fermentation; ayez soin que l'air de votre magnanerie soit passablement sec, très-pur, suffisamment chaud et un peu agité, et vous préviendrez la grasserie et la jaunisse, que vous chercheriez vainement à guérir par le vinaigre de M. Fontana.

DES TRIPÉS OU MORTS BLANCS QUE D'AUTRES NOMMENT MORTS FLATS.

La maladie à laquelle succombent ces vers ne se manifeste qu'au cinquième âge. Les causes qui l'occasionnent, alors qu'elle sévit épidémiquement, sont exactement les mêmes que celles qui déterminent la muscardine; d'où nous devons conclure que nous pouvons nous en garantir par les mêmes moyens, et qu'en nous prémunissant contre l'apparition de l'une, nous nous prémunissons contre celle de l'autre. (*Voyez* ci-après, article *Muscardine*.)

La touffe, dans ces deux maladies, joue un rôle important. Dès qu'elle se manifeste, il faut

donc la combattre, non-seulement en fermant toutes les ouvertures latérales, et faisant des feux de flamme aux cheminées, mais encore en servant aux vers de la feuille mouillée, en arrosant avec de l'eau bien fraîche le sol et les murs de la magnanerie; le froid et l'humidité qui suivront cet arrosement pourront neutraliser les terribles effets de cet agent destructeur.—Quand la maladie n'est que sporadique, c'est-à-dire quand elle n'attaque les vers qu'isolément, ce n'est point à des causes générales que nous devons en attribuer l'existence, mais à des circonstances particulières aux individus qui y succombent et totalement étrangères aux influences générales auxquelles ils sont exposés. Le relâchement des fibres de l'insecte, relâchement que peut produire la suppression de sa transpiration, par conséquent une humidité excessive, mais surtout l'asphyxie amenée par une chaleur trop forte et trop sèche, excite outre mesure et sa transpiration et sa respiration ; telle est la cause de l'épidémie des tripés blancs ou morts flats ; et une feuille suante, malpropre, un poison quelconque aspiré par les stigmates ou avalé par la bouche, telle est celle de la mort de tous ceux qui périssent de cette maladie, tant qu'elle ne règne dans une magnanerie que sporadiquement.

Ce qui me porte à le croire, c'est qu'il n'est pas rare d'en voir plusieurs dans un très-petit espace, et de n'en plus voir que là. Ce fait, qui s'explique aisément par la présence, en cet endroit, d'une poignée de feuille empoisonnée, soit par la sueur, soit par le contact de quelque substance dont la malpropreté lui aurait communiqué des qualités mortelles, ne peut raisonnablement être expliqué d'aucune autre manière.

Employer avec soin tous les moyens prescrits pour prévenir la muscardine, donner toujours la feuille propre et non humide *de sueur*, bien préparée, bien fraîche et mouillée aux heures les plus chaudes, avoir soin que l'hygromètre ne marque jamais moins de 75 degrés ni plus de 95, tel est donc le moyen de prévenir dans vos magnaneries l'apparition des tripés blancs, sur la bruyère celle des morts noirs, et parmi nos cocons ceux auxquels la mort de la chrysalide et sa transformation en une substance noire, puante et saponeuse, a fait donner le nom de *fondus*.

---

(1) Un petit courant d'air, un rayon solaire, auraient pu produire chez eux plus de dessèchement, par cela même leur asphyxie. On a souvent vu ces deux petites causes produire des cas isolés de muscardine, surtout au plus haut canis, lorsque les couverts sont à tuile vue.

DE LA MUSCARDINE.

S'il n'est pas facile de définir exactement cette cruelle maladie, parce qu'elle a été l'objet d'une foule d'opinions plus ou moins différentes, il ne l'est malheureusement que trop de reconnaître qu'elle est pour nos vers un désolant fléau. Elle les attaque à tout âge, souvent les décime, et quelquefois les fait périr entièrement ; mais c'est surtout dans le cinquième qu'elle exerce ses effrayans ravages : alors que la feuille est consommée, qu'il ne reste plus de dépenses à faire. D'après les calculs les plus exacts, les moins exagérés, c'est un sixième de sa récolte sérigène qu'emporte annuellement à la France cette cruelle maladie. Un sixième, plus de vingt millions ! n'est-ce pas énorme ?...

Depuis la découverte du docteur Bassi et les savantes expériences de l'illustre Audoin, il n'est plus permis de douter que la muscardine soit le résultat d'un crytogame qui se développe dans le corps du ver, vit de sa substance, le tue par l'entier envahissement de ses organes, et se montre, après la mort de sa victime, sur son cadavre desséché, sous la forme d'une moisissure blanche.

On a donné à ce funeste végétal le nom de *botrytis bassiana* en mémoire du célèbre expérimentateur qui, le premier, en a constaté l'existence. Jusqu'au moment où il va succomber sous l'action progressivement envahissante de son hôte cruellement importun, le ver conserve toutes les apparences de la bonne santé; seulement une ou deux heures avant sa mort on peut constater son dégoût, s'apercevoir d'une légère altération dans le blanc de sa peau, reconnaître un peu d'abaissement dans son activité, et remarquer que les battemens de son vaisseau dorsal se ralentissent par degrés jusqu'à ce qu'ils soient tout-à-fait insensibles. Privé de la vie, son corps prend une teinte rousse et quelquefois bleuâtre. A ces diverses colorations succède le duvet blanc qui, chez nous, lui a fait donner le nom de muscardin, à cause du rapport qu'il lui donne avec la pastille connue sous ce nom dans la Provence. Le corps solidifié présente quelque analogie avec les matières vitreuses. Voilà la muscardine et ses terribles conséquences. Hélas! pour trop de gens cette description est plus que superflue! Ce que je viens de dire n'est assurément pas ce qui peut intéresser les sériciculteurs ; ce qu'ils désirent connnaître, c'est le moyen de se soustraire à ses ravages. Nous allons les satisfaire, autant du moins que peut le permettre l'état actuel de la science sérigène; mais avant de traiter de cette maladie sous le rapport médical, disons-en un mot au point de vue physiologique.

CONTAGION DE LA MUSCARDINE.

La muscardine est-elle contagieuse? Ne l'est-elle pas? Peut-elle ou non se produire d'une manière spontanée, accidentelle? Chacune de ces opinions a pour elle d'illustres partisans. MM. Bassi, Bonafous, Berard, Audoin, Eugène Robert, etc., lui reconnaissent cette funeste propriété. MM. Boissier, de Sauvages, Pomier, Nysten, Dandolo, Duboin, etc., la lui contestent. Ici comme en bien d'autres choses, IN MEDIO VERITAS : au milieu la vérité. Oui, la muscardine est contagieuse, trop de faits l'établisent pour pouvoir en douter; mais elle ne l'est que dans certains cas, sous l'influence de causes dont le concours plus ou moins actif donne à sa contagion plus ou moins d'énergie. Telle est l'opinion d'un grand nombre d'éducateurs éminemment distingués, entre autres de l'illustre Robinet... De sa spontanéité, de son apparition accidentelle, nous pouvons dire la même chose. Les uns l'admettent comme incontestable, les autres la nient comme impossible; bien des faits, et des faits positifs, en établissent la réalité. M. Robinet n'en doute pas le moins du monde, et moi, qui bien souvent suis parvenu à la produire, je ne saurais en douter. On ne manque pas de raisons pour nous combattre : une mouche, une seule mouche, la plus petite feuille, nous dit-on, a suffi pour empoisonner votre magnanerie; le plus faible courant d'air a pu y introduire des myriades de sporules (*graines*) muscardiniques, et votre conclusion que vous croyez fort naturelle, n'est que la conséquence de ce faux raisonnement : Post hoc, ergo propter hoc, *après cela donc, par cela même;* vous prenez pour cause ce qui ne saurait l'être, parce que la cause réelle, efficiente échappe à vos regards. Que répondre à une argumentation si spécieuse! Ce que répondit le célèbre Galilée à ceux qui venaient d'obtenir sa condamnation, parce qu'il soutenait une vérité (la rotation de la terre). E pur si muove, *et pourtant elle se meut*. Oh! convenons-en, la lumière que le docteur Bassi a répandue sur la cause de cette terrible maladie est on ne peut plus effrayante : si une mouche, une feuille, le trou d'une serrure peuvent déjouer toutes nos combinaisons, rendre tous nos soins inutiles, anéantir nos plus légitimes espérances en introduisant dans nos ateliers ce fléau naturellement dévastateur, que n'avons-nous pas à craindre!... Mais rassurons-nous; s'il y a du vrai dans l'opinion des ultra contagionistes, tout ne l'est pas, fort heureusement.

La muscardine est contagieuse, sans doute; mais à certaines conditions; qu'elles ne soient point remplies et elle ne l'est pas. C'est ce qui résulte des expériences de l'abbé de Sauvages, de Dandolo, etc., et des miennes; c'est ce que prouve l'impossibilité de la transmettre à toute sorte de vers soit par *saupoudrement* avec la poussière muscardinique, soit par inoculation. Nous reviendrons là dessus.

Par contagion, la muscardine se propage au moyen de cette poussière blanche qui recouvre le cadavre du ver muscardiné, et qui n'est autre chose que la graine du fatal champignon, le germe du *botrytis bassiana*. Le ver l'avale avec la feuille, l'aspire par ses stygmates (ses organes respiratoires dont l'orifice est marqué au-dessus de ses pattes et sur sa tête par de petits points noirs), ou l'absorbe par ses pores ; il peut aussi lui être communiqué par inoculation. Que les circonstances le favorisent, et un germe unique, un seul germe, aura bientôt produit de quoi détruire la plus vaste chambrée. Cette forêt crytogamique qui s'offre à vos regards sous l'aspect d'un duvet farineux, n'est autre chose qu'un ensemble de branches partant d'un même tronc (1), et portant à chacun de leurs innombrables rameaux des millions de sporules. Etrange parasite ! singulier phénomène ! Un ver qui vous offre aujourd'hui toutes les apparences de la bonne santé sera transformé dans quelques jours en une immense *champignonière*, et ce fait, on ne peut plus effrayant, est malheureusement incontestable. Les savantes expériences de M. Victor Audoin ne permettent pas le moindre doute.

(1) Un ver peut avaler, aspirer, absorber plusieurs graines, toutes peuvent lever, se développer : alors il y a plusieurs troncs. C'est ce qui arrive dans les grandes épidémies muscardiniques. Le fléau sévit avec d'autant plus de force qu'il y a plus de germes absorbés, les organes du ver sont plus promptement envahis.

SPONTANÉITÉ DE LA MUSCARDINE.

Ce n'est pas seulement par contagion que peut nous envahir la muscardine ; elle peut apparaître spontanément. Telle est, je l'ai dit, l'opinion d'un grand nombre d'éducateurs. Toutefois, ne perdons pas courage ; nous avons à combattre un ennemi bien redoutable, à peu près invincible dès qu'il a pénétré dans nos camps. Mais nous pouvons lui en défendre l'entrée, et par là nous soustraire à ses coups.

Comme tous les parasites, le *botrytis bassiana* ne réussit que sur des sujets plus ou moins affaiblis ; il échoue dans le ver robuste comme le lichen sur l'écorce lisse et ferme de l'arbre vigoureux ; et voilà ce qui a fait dire à tant de bons observateurs que la muscardine n'était pas contagieuse. Elle l'est, mais pas toujours ; or, si l'état du ver en arrête la contagion, à plus forte raison l'apparition spontanée.

Mais, dira-t-on, si la muscardine est le résultat d'une graine microscopique, comment peut-elle se produire spontanément? La question est embarrassante, et je suis d'autant moins capable d'y répondre, que, par nature, je repousse impitoyablement tout ce qui me paraît contraire à la saine raison : or, la raison enseigne qu'une plante quelconque ne peut provenir que d'une graine, et qu'une graine, quelque petite qu'elle soit, ne peut être produite que par une plante.

Les expériences de M. Turpin sur le lait et les moisissures qui s'y manifestent à la suite du déchirement de ses globules, ne m'ont pas persuadé qu'il en fût autrement. Je répugne à admettre que ces moisissures n'aient pas d'autre principe, et que le *botrytis bassiana* ne soit qu'un développement sous forme végétale d'un globule nageant dans les liqueurs du ver, déchiré par un effet quelconque; pour moi, si c'est possible, ce n'est guère probable.

Mais pourquoi n'admettrions-nous pas avec Bassi la préexistence des germes? Avec elle la spontanéité s'explique tout rationnellement; sans elle on ne peut en donner que des explications plus ou moins irrationnelles; que, comme le dit le docteur de Lodi, le germe muscardinique existe dans la chenille comme dans l'être humain celui du ver ascaride, etc., et l'on concevra sans peine que, par suite de circonstances favorables, ce germe peut atteindre son fatal développement, tuer le ver qui, dans de meilleures conditions, n'en aurait reçu aucun dommage, et produire par myriades ses sporules meurtriers. S'il n'est certain, il est, du moins, on ne peut plus probable que ce n'est pas autrement qu'a été produit le premier cas de muscardine. Le premier ver muscardiné a-t-il pu l'être par contagion? Et ce qui s'est fait une fois ne peut-il pas se faire deux, cent, mille, toujours dans des conditions semblables? La muscardine nous attaque spontanément, parce que les vers en portent le germe.

CIRCONSTANCES FAVORABLES AU DÉVELOPPEMENT DE LA MUSCARDINE.

Les circonstances favorables au germe muscardinique sont :

1° Un affaiblissement dans l'organisme, par conséquent dans la vitalité, dans les forces de l'insecte qui le porte ou qui peut l'absorber; affaiblissement que produit l'altération de ses humeurs, occasionnée par la perturbation de ses fonctions naturelles. Vous n'avez donc rien à craindre ni du germe préexistant ni du germe communiqué, si vos vers sont maintenus dans l'état de santé normale; néanmoins, il est croyable que ce dernier se développe là où le premier ne saurait se développer; en d'autres termes, que son énergie est plus grande, par conséquent qu'il est plus redoutable; mais, pour celui-là même, il faut des conditions que n'offre pas l'insecte bien portant. Ainsi, le champignon muscardinique ne peut devenir cause de mort qu'après avoir été résultat de maladie. L'expérience a démontré que certains vers ne contractaient pas la muscardine, même dans les circonstances les plus favorables à sa contagion : le contact d'un ver muscardiné, le saupoudrement avec la poussière muscardinique, l'inoculation du germe. Pourquoi? Ils n'offrent pas les conditions nécessaires à son développement; leurs humeurs ne sont point altérées, il n'y a pas eu perturbation dans leurs fonctions naturelles, affaiblissement dans leur vitalité; ils sont bien portans.

Il paraît acquis à la science, grâces aux savantes recherches de M. Dutrochet, que les végétaux cryptogamiques ne peuvent germer et croître sans la présence d'un acide. Or, il est certain que la liqueur du ver en état de santé n'offre point ce principe, et qu'il s'y manifeste du moment qu'il est malade. *(Voir* Nysten). Le maintenir dans son état normal, tel est donc le remède contre la muscardine.

ဢ

REMÈDES PROPHILACTIQUES CONTRE LA MUSCARDINE,
OU MOYENS DE LA PRÉVENIR.

Il n'existe encore aucun spécifique contre la muscardine; de toutes parts on le cherche avec zèle. La science a répondu à l'appel des sériciculteurs; elle aspire à le découvrir, et, certes, il en vaut bien la peine ! L'arme qui donnerait la mort à ce terrible ennemi, serait une arme précieuse. Parviendra-t-on à la forger? Je l'ignore; mais ce que je sais bien, c'est que si nous sommes encore incapables de le détruire, nous pouvons l'enchaîner, de manière à n'avoir point à craindre ses menaces, à souffrir de ses coups.

Les remèdes prophilactiques sont des liens qu'il ne saurait briser. Je l'ai dit : tout ce qui nuit au ver, tout ce qui tend à l'affaiblir, tout ce qui s'oppose au développement de ses forces vitales, à sa plus grande prospérité, favorise la muscardine. Évitons avec soin tout ce qui peut produire de tels effets, nous l'éviterons elle-même. Or, voici ce qui les produit :

1° Une éclosion vicieuse ;

2° Une alimentation insuffisante ;

3° Une température trop élevée jointe à un air trop sec ;

4° Une atmosphère impure ;

5° Un local trop peu spacieux.

Reprenons; expliquons le pourquoi; voyons comment il faut agir.

(A). Éclosion vicieuse. Tous les bons éducateurs considèrent l'éclosion de nos précieuses chenilles comme l'un des points capitaux de leur éducation. En effet, c'est là qu'elles peuvent contracter bien des maladies; une prédisposition à toutes, conséquemment à la muscardine. Evitez le nouet, la *fatte,* le lit, la chaleur humaine, toute espèce de couveuse, y compris le *castellet.* Faites éclore à l'étuve. (*Voyez*, pour la manière et les raisons, cet important article dans mon *Guide*.)

(B). Alimentation insuffisante. En sériciculture comme en toute autre industrie, le problème à résoudre est d'obtenir *le plus avec le moins*, mais par l'usage des meilleurs procédés, et non assurément par l'emploi de moyens incapables de produire autre chose qu'un résultat contraire; et néanmoins c'est à ces derniers que la routine, guidée par l'avarice, en demande la solution. Le désir d'avoir, avec peu de feuille, une grande quantité de cocons, fait souvent qu'on en a peu, quelquefois même pas du tout. M. de Sauvages assure que la muscardine n'a pris domicile chez nous que du moment où l'on a voulu élever les vers de dix onces de graine dans les mêmes locaux où l'on n'élevait d'abord que ceux de cinq. Je le comprends ; ces pauvres animaux furent plus entassés et moins bien nourris : La cupidité a engendré la muscardine. Pour en prévenir l'existence et lui résister lorsqu'elle existe, les vers ont besoin d'une alimentation convenable et toujours suffisante.

1° Convenable. Trop forte, trop nourrie, trop mûre, la feuille ne convient pas aux jeunes vers. Flétrie, foulée sur leur couche, salie par leurs excrémens, elle ne leur convient à aucun âge, parce qu'elle a perdu une bonne partie de son principe aqueux, si nécessaire à la fluidité de leurs humeurs, incessamment attaquée par l'effet de leur transpiration. Que ces humeurs soient épaissies, et leurs organes mal lubrifiés ne rempliront qu'imparfaitement leurs fonctions naturelles : de là affaiblissement, et, par suite, muscardine.

2° Toujours suffisante. Il ne suffit pas de servir aux vers un aliment convenable, il faut encore qu'il soit suffisant. Leur transpiration étant incessante, ils dépérissent s'ils ne réparent incessamment les pertes qu'elle leur fait éprouver. Or, QUATRE OU CINQ repas ne peuvent pas plus leur suffire au premier âge que TROIS au dernier. Et cependant que d'éducateurs ne dépassent jamais ces nombres. La muscardine exerce dans leurs ateliers les plus cruels ravages, je n'en suis pas surpris. Mais, dira-t-on, nos repas sont copieux, nous leur donnons en *trois fois* plus que vous ne le faites en *six*. C'est possible ; peut-être même davantage ; et cependant vos vers sont beaucoup moins nourris : une partie de ce que vous leur servez est perdue ou du moins sensiblement altérée. Poussés par la faim, vos vers se décident à manger les restes de leurs énormes repas; mais pensez-vous que cette nourriture flétrie n'ait rien perdu de sa valeur? qu'elle leur soit agréable, qu'elle leur profite autant que si elle était fraîche? Si vous le croyez, vous êtes dans l'erreur. Non, en général l'alimentation n'est pas convenablement suffisante. J'ai montré les funestes conséquences de ce régime débilitant : il peut engendrer toute sorte de maladie, et notamment la muscardine. (*Voyez* mon *Guide : Repas des vers depuis la coque à la bruyère; qualités de la feuille, etc.*)

Et l'insuffisance de l'alimentation sera d'autant plus grande que la température sera plus élevée et l'atmosphère moins humide. Inutile de dire que dans ce cas la transpiration du ver est plus abondante, et que, si ses déperditions ne sont pas aussitôt réparées, et elles ne peuvent l'être que par la feuille, ses liquides s'évaporent, ses humeurs s'épaississent, il dépérit.

Dans les momens de grande chaleur, de forte sécheresse, quand malgré vos précautions les thermomètres et les hygromèmetres dépassent les degrés fixés par mon *Guide*, multipliez les repas de vos vers; qu'ils aient toujours de la feuille fraîche, arrosez les murs, les pavés de vos magnaneries; la feuille elle-même.

Ne craignez rien de cette dernière prescription, l'effet en sera salutaire (1).

(C). UNE TEMPÉRATURE TROP ÉLEVÉE JOINTE A UN AIR TROP SEC. Cette circonstance est l'une des plus favorables au développement de la muscardine. Déjà nous avons dit pourquoi.

---

(1) Je ne citerai pas tous les grands éducateurs qui conseillent, en pareil cas, l'usage de la feuille mouillée; la nomenclature en serait trop longue. Je me borne à MM. l'abbé de Sauvages, le chevalier Bonafous, le baron d'Arbalestrier, le comte de Retz, Dupré de Loire, Detroyat, Mouly, Guilhaumin, Peris, Robinet. Ce dernier, l'un de nos plus judicieux, de nos plus savans expérimentateurs, en prescrit l'emploi constant comme remède prophilactique contre la muscardine.

L'excès de transpiration, qui en est la conséquence, doit nécessairement affaiblir le ver. Or, ce n'est que par l'intégrité de ses forces qu'il peut résister au développement du fatal *botrytis*. Méfiez-vous donc d'un air trop desséchant : non-seulement il attaquerait vos vers par leur transpiration, mais encore par leur respiration. Je n'ai pas besoin de dire que, pour tout animal, une respiration libre, aisée, ni trop lente, ni trop active, est une condition comme une conséquence de parfaite santé. Cette fonction, dont l'objet est de mettre l'air en contact avec le fluide nourricier (le sang, etc.), et qui, chez les insectes, s'opère au moyen de trachées (petits vaisseaux dont les stigmates dans nos vers sont l'orifice extérieur), ne peut s'opérer d'une manière libre et régulière, qu'autant que ses organes sont maintenus dans leur état normal. Ainsi, tout ce qui les affecte la gêne ; s'ils perdent de leur force musculaire, elle est contrariée ; si le liquide lubrifiant, indispensable à leur jeu d'inspiration et d'expiration, n'est pas toujours suffisant pour en prévenir la dessication, elle est anéantie, et l'asphyxie est la conséquence immédiate de cet anéantissement. Voilà l'explication des désastres instantanés qui, trop souvent, succèdent aux plus belles apparences ;

voilà la cause des morts flats ou tripés blancs. Et le chemin de l'asphyxie mène droit à la muscardine. Prévenez-la donc, par une alimentation suffisante de vos vers ; combattez avec énergie tout ce qui pourrait surexciter leur transpiration ou contrarier leur respiration : l'une et l'autre sont d'autant plus actives que la température est plus élevée. N'oubliez pas que, si sous l'influence d'un air desséchant, de nombreux repas et avec la feuille mouillée aux heures où la chaleur a atteint son maximum de force, ne leur fournissent le moyen de réparer les pertes que leur fait éprouver la double action d'une transpiration excessive et d'une haletante respiration, vous vous exposez à les voir périr *morts flats* ou *muscardins* (1).

Personne n'ignore qu'un vent sec ne soit le plus actif *dessicateur* de boue ; mais ce que tout le monde ne sait pas, c'est que le ver à soie, comme tous les animaux à sang froid, n'offre guère plus de résistance à sa dessication qu'un corps inorganique. Quels dommages ne doivent donc pas leur causer les courans d'air sec, pour

---

(1) Les Chinois, qui ne s'entendent pas mal en sériciculture, donnent chaque jour plusieurs repas de feuille mouillée, depuis dix heures du matin jusqu'à deux heures du soir, aussi ne sont-ils presque jamais atteints de muscardine.

peu que leur action soit prolongée !..... Par là s'explique très-rationnellement la présence de muscardins sur une seule table, près d'une porte, d'une fenêtre ; les ravages de la muscardine dans les ateliers où règnent presque toujours de ces courans plus ou moins actifs : les galetas, les greniers, etc. *(Voyez* Nysten). Ceci n'attaque nullement une sage ventilation ; elle est indispensable, ne la négligez point ; seulement tenez-vous en garde contre les courans d'air trop violens, trop permanens.

UNE TROP GRANDE SÉCHERESSE dans l'atmosphère produit sur le ver un affaiblissement qui s'augmente d'une manière d'autant plus rapide que l'action dont il résulte n'est point interrompue : et c'est facile à concevoir, plus il est affaibli moins il peut parer à ses déperditions. Cet affaiblissement progressif porte la perturbation dans tout son organisme, ses humeurs diminuent, s'épaississent, l'acidité s'y manifeste, et à sa suite la muscardine. D'où vient que les éducations tardives sont plus exposées à ce cruel fléau ? De ce que toutes les circonstances qui en favorisent l'apparition se trouvent réunies : chaleur excessive, feuille plus dure et moins juteuse ; par conséquent, transpiration poussée outre mesure et aliment peu propre à en prévenir les funestes effets. De là l'opinion d'une foule d'auteurs, extrêmement recommandables, qui considèrent la muscardine comme intimément liée aux phénomènes de la sécheresse.

L'abbé de Sauvages dit que chauffer l'air refroidi et ne lui laisser aucune issue quand il a été chauffé, *c'est inventer la muscardine*. L'air froid devient desséchant à mesure qu'il s'échauffe. Chauffez-le, il le faut; mais en le chauffant, donnez-lui l'humidité nécessaire : que votre hygromètre en signale au moins de 75 à 80 degrés.

Pomier assure que la chaleur concentrée brûle les vers et *les rend muscardins*. Qu'à 25 degrés Réaumur leur respiration est interrompue, et que leurs anneaux se durcissent par le dessèchement. Oui, quand l'alimentation n'est pas suffisante et convenable; quand l'hygromètre n'accuse que 40 ou 45 degrés.

Dubet conseille, contre la muscardine les aspersions d'eau fraîche sur les vers, et des bains, dans le même liquide, prolongés jusqu'à trois minutes. Sauvages propose les mêmes remèdes. N'est-ce pas reconnaître que la sécheresse est la cause du mal, ou du moins qu'elle le favorise?

Aimar pense que les vers éclos dans un appartement exposé aux reverbérations solaires et trop longtemps fermé, y contractent la muscardine. Qu'est-ce à dire, sinon qu'une forte chaleur, dépourvue de l'humidité nécessaire est la cause déterminante de cette cruelle maladie?

Nysten nous apprend que les expositions du sud et de l'ouest sont les plus exposées à ce terrible fléau ; qu'il sévit plus souvent et plus cruellement dans les contrées arides et sabloneuses que dans les lieux fertiles et habituellement arrosés ; qu'il se déclare plus particulièrement dans les temps de chaleur accablante connue sous le nom de *touffe*. Dans ces circonstances l'air est très-desséchant.

Raynaud affirme que le principe de la muscardine tient à une certaine qualité de l'air à la fois sec et chaud ; il prescrit, dans ce cas, des repas fréquens avec la feuille la plus fraîche. Pourquoi, si ce n'est pour fournir aux vers le moyen de réparer, par une bonne et suffisante nourriture, la perte que leur fait éprouver leur transpiration et leur respiration?

Pitaro a écrit que la muscardine se déclare lorsque la putréfaction des litières est augmentée par une chaleur brûlante, qui ne peut que sécher par la transpiration les liquides des vers, les épaissir, les coaguler ; que la respiration gênée, la transpiration augmentée sont les causes de cette maladie. Il recommande d'humecter les entrailles de l'insecte dès qu'on découvre qu'il en est menacé ; aussitôt que l'hygromètre indique l'extrême sécheresse.

Bassi a été conduit à sa belle découverte par la dessication du ver. Il en exposa plusieurs, chacun à part dans un cornet de papier, et à différentes hauteurs dans un tuyau de cheminée, les plus près du foyer furent les premiers atteints de muscardine.

Dans une lettre à M. le marquis de Cordoue, ce docteur dit que c'est surtout un air très-chaud et bien sec qui contribue au développement du terrible fléau. L'humidité, y dit-il encore, est une circonstance défavorable pour le cryptogame muscardinique ; comme Pitaro, son confrère et son compatriote, il a observé que, dans une contrée arrosable, on n'y connaissait pas la muscardine, bien que les vers y fussent assez mal soignés, tandis qu'elle sévissait avec fureur dans un pays montagneux, où l'air moins humide donnait une extrême vigueur à la contagion malgré les soins prodigués aux chenilles.

« Si le pays, ajoute-t-il, est aride, la saison trop chaude, la feuille trop sèche ou trop mûre, toutes circonstances favorables à développer et propager le germe contagieux, on doit souvent répandre de l'eau sur le pavé, spécialement pendant les heures les plus chaudes de la journée.»

M. le Baron d'Arbalestrier, dont les succès constans attestent une parfaite connaissance de l'art séricicole, est parvenu à arrêter les progrès de la muscardine en donnant chaque jour à ses vers un repas de feuille mouillée, trempée dans des baquets d'eau fraîche.

M. Robinet, cet excellent éducateur, dont les savantes expériences ont déjà répandu tant de lumière sur les principes de la sériciculture, considère la chaleur dépourvue d'humidité, comme l'une des circonstances les plus favorables à l'invasion de la muscardine ; et, comme je l'ai déjà dit, il propose, pour la combattre, l'usage non interrompu de la feuille mouillée. Toutefois, pour éviter un abîme, gardons-nous de tomber dans un autre. Si l'atmosphère de nos magnaneries ne doit pas être trop sèche, il ne faut pas non plus qu'elle soit trop humide. Dans ce cas, la transpiration des vers est inévitablement gênée, contrariée, supprimée, ou, du moins, trop diminuée, et, pour eux, la suppression de cette fonction dépuratrice équivaut à celle de la secrétion urinaire chez d'autres animaux. Et qui ne sait les ravages qu'une telle suppression apporte dans toute leur économie !... Les conséquences en sont désastreuses. Vous devez donc éviter avec un égal soin et l'extrême sécheresse et l'extrême humidité. L'une vous conduirait à la muscardine, l'autre à la grasserie. Pour éviter l'une et l'autre, que votre hygromètre soit, autant que possible, maintenu entre 80 et 90 degrés.

(D) UNE ATMOSPHÈRE IMPURE est une cause d'affaiblissement pour le ver, par conséquent une circonstance favorable au développement de la muscardine (*Voyez* mon GUIDE, *Assainissement de l'air*). Si l'air avait perdu son oxigène, s'il était usé, s'il avait déjà servi à la respiration, vos vers périraient asphyxiés; s'il était vicié par le mélange d'un gaz délétère, ils périraient empoisonnés. Il est rarement assez impur pour occasionner de semblables désastres ; mais que de mal ne peut-il pas produire, alors même qu'il n'est pas capable de causer celui-là !.... Le ver qui ne respire pas à l'aise perd insensiblement son appétit, ses forces diminuent ; et comment réparera-t-il ses déperditions ? Impossible : il s'affaiblit toujours davantage, et finit par devenir la proie de la terrible muscardine ou de toute autre maladie.

(E) Un local relativement peu spacieux ne peut qu'ajouter un nouveau degré de force à la plupart des causes déterminantes de la muscardine que nous venons d'énumérer. En effet, lorsque la magnanerie est trop petite pour les vers qu'on a à y loger, on les y entasse; et des vers trop épais ont rarement une alimentation suffisante; ils ne sauraient transpirer à l'aise ni respirer librement. L'atmosphère dans laquelle ils vivent est d'autant plutôt viciée que leur logement est plus petit, et celui-ci d'autant plus difficile à assainir, qu'étant trop plein, l'air ne peut y circuler que difficilement. Entasser vos vers, c'est appeler sur eux le fléau de la muscardine : la cupidité l'engendre et l'avarice la propage. Pour avoir beaucoup de cocons, il ne suffit pas d'avoir beaucoup de graine, même de bonne graine, il faut beaucoup de feuille pour nourrir suffisamment les vers qu'elle produit; beaucoup de monde pour les soigner convenablement, beaucoup d'espace pour les loger à l'aise. Eh ! que d'éducateurs s'affranchissent plus ou moins de ces trois dernières conditions !... Ne l'oubliez pas, elles sont indispensables; nul ne les viole impunément.

REMÈDES CURATIFS CONTRE LA MUSCARDINE.

Je l'ai dit, il n'existe encore aucun remède constamment efficace contre la muscardine. Nous n'avons guère, pour la combattre, que des préservatifs. Toutefois, je ne doute pas qu'à son début elle ne puisse être guérie par les mêmes moyens qui doivent la prévenir. Nous l'avons vu, le germe muscardinique ne se développe que dans un ver déjà affaibli. Or, si, par l'emploi d'un régime exigé par sa nature, ce ver reprend toute la vigueur qu'un régime opposé lui avait fait perdre, son énergie vitale pourra le débarrasser des petits *tallus* (racines) *du botrytis*, qui commençaient à se développer dans ses liquides.

Leur substance sera, sinon digérée, du moins évacuée par ses pores ; il y aura résorption, comme on dit en médecine.

Il est donc certain que tout ce qui contribue à accroître la force du ver récemment envahi par la muscardine ; tout ce qui augmente sa vitalité ; tout ce qui tend à équilibrer son organisme, à rétablir le libre exercice de ses fonctions naturelles peut être considéré comme remède de cette cruelle maladie (1).

Ainsi : 1° une alimentation convenable, suffisante, proportionnée à la température (*Voyez plus haut*) ;

2° L'eau administrée extérieurement sous forme d'arrosage ou de bains, et intérieurement par la feuille tendre, fraîche (2) ou mouillée. (*Voyez plus haut.*)

(1) Pourquoi dira-t-on, sans doute, si la muscardine peut-être spontanée, si son apparition est due à la faiblesse des vers; pourquoi n'attaque-t-elle pas tous les vers faibles ? pourquoi ne se substitue-t-elle pas à toutes les maladies? Or, il est de fait qu'on voit périr des chambrées entières de porcs, de passis, de tripés, etc. Probablement parce qu'il a manqué quelque condition essentielle au développement du germe muscardinique; l'acidité par exemple. Je voudrais faire une réponse plus positive, sans réplique; je ne le puis point; nous ignorerons toujours bien des choses; mais ce qu'il nous importe de savoir n'est point pourquoi la muscardine n'est pas plus commune; mais comment on peut s'en garantir; or, j'en donne les moyens, reste à les appliquer.

(2) La feuille en se fanant, perd en trois heures à une température de 20 degrés, de 21 à 45 pour cent de sa matière aqueuse. Cette perte si différente selon sa nature, varie également selon sa maturité. La proportion est bien plus considérable dans l'extrémité supérieure des rameaux qu'elle ne l'est dans les feuilles inférieures; mais elle est toujours fort grande. Donnez-leur de la feuille fraîche. Il y a environ douze ans, une pauvre veuve m'apporta ses vers qu'elle disait mauvais, et qui, d'après elle, n'étaient bons qu'à jeter à l'eau; en effet, ils étaient effilés et d'une rousseur effrayante. Je lui promis de les guérir, et je lui tins

3° Le refroidissement de l'atelier. Il a pour effet d'arrêter, chez les vers, l'excès de transpiration en rendant l'humidité de l'air plus sensible par la concentration de la vapeur.

4° La chaux. Les vers qu'on en saupoudre (au moyen d'un tamis) un moment avant leur repas, en sont fortement stimulés ; leur action vitale acquiert une nouvelle énergie. Ce remède, dont l'efficacité n'est pourtant pas incontestable, a souvent arrêté les ravages de cette terrible maladie. En contractant la peau de l'insecte, la chaux s'oppose à une trop forte transpiration et à l'absorption du germe muscardinique. Répandue sur la litière, elle en fait dégager de l'ammoniaque, et ce gaz, en s'introduisant dans les trachées du ver, les excite et peut y ramener le liquide lubrifiant nécessaire à leur jeu ; sa respiration devient plus régulière, et le cryptogame, s'il n'en a pas envahi les organes essentiels, peut être arrêté dans sa marche funeste, dissous, expulsé. Enfin, par son action corrosive, la chaux peut détruire les sporules (les graines) du fatal champignon.

---

parole : ce fut en les nourrissant pendant huit ou dix jours avec l'extrémité des pousses les plus tendres. Et certains éducateurs se donnent beaucoup de peine et s'imposent des frais pour en garantir leurs vers. Funeste erreur !

DÉSINFECTANS OU PRÉSERVATIFS CONTRE LA CONTAGION DE LA MUSCARDINE.

Je crois la muscardine contagieuse, mais je crois aussi, et fort heureusement ma croyance repose sur des faits incontestables, que cette contagion n'est pas élevée au point où l'ont portée certains auteurs. Je crois qu'elle est impuissante contre des vers en état de parfaite santé. Que de cas attribués à sa contagion ne sont dus qu'à sa spontanéité!.... À la manière dont on avait traité ses victimes. Mais il suffit qu'elle puisse être contagieuse pour que nous devions chercher tous les moyens de nous soustraire à cette fatale qualité.

Eh! bien, pour détruire les germes qui pourraient vous devenir funestes, employez : 1° Le procédé Bérard. Lavez votre graine, les divers ustensiles de vos ateliers, les murs, les pavés, les plafonds, tout ce qui a pu être contaminé et que vous voulez faire servir encore, avec une eau dans laquelle vous aurez fait dissoudre cinq grammes de sulfate de cuivre (vitriol bleu) par litre. Et, comme un grand nombre de germes pourraient échapper à ce lavage (excepté dans la graine où tous doivent périr), ajoutez-y pour plus de sûreté ;

2° Les fumigations sulfureuses. Si l'appartement est bien fermé et la vapeur suffisante, assez forte, c'est, sans nul doute, le meilleur *désinfectant;* il atteint tous les sporules dont il s'agit de détruire la faculté végétative, quelque part qu'ils se trouvent.

Vers le 15 mars, établissez votre magnanerie comme elle doit l'être pour recevoir vos vers; placez y deux, trois, quatre, cinq, six réchauds (selon qu'elle est petite ou grande) garnis; et, après en avoir fermé le plus exactement possible toutes les issues par lesquelles la vapeur pourrait s'échapper, allumez vos réchauds par le bas et mettez sur chacun d'eux environ demi-livre de fleur de soufre; fermez bien la porte de votre appartement et n'y rentrez que cinq à six jours après cette opération, que vous ferez bien d'exécuter immédiatement après chaque éducation et de répéter en mars avant l'ouverture de la campagne.

3° Pour surcroît de garantie passez un lait de chaux sur vos murs, vos plafonds, vos pavés, et même vos montans. Par ce moyen vous fixerez les germes que les deux autres n'auraient pu détruire. Voilà les meilleurs désinfectans connus jusqu'à ce jour ; usez-en avec soin, et quelque infectées que soient vos magnaneries vous n'aurez besoin de les laisser chômer.

RÉSUMÉ ET CONCLUSION.

De tout ce que nous venons de dire, de tous nos emprunts faits à divers auteurs, il résulte :

1° Que la muscardine est le produit d'un cryptogame appelé *botrytis bassiana;*

2° Qu'elle est contagieuse, mais que sa contagion est impuissante contre des vers en état de parfaite santé;

3° Que dans certaines circonstances elle peut se manifester spontanément, même sous forme épidémique, c'est-à-dire sévir d'une manière générale;

4° Que de sa contagion nous devons conclure qu'elle peut être endémique; c'est-à-dire frapper annuellement les mêmes lieux où elle a exercé ses ravages;

5° Que pour comprendre son apparition spontanée, il faut admettre, dans le ver, la préexistence du germe;

6° Que ce qui en détermine surtout le développement, c'est la réunion des circonstances suivantes : 1° un air trop chaud, trop sec, trop agité ou impur; 2° trop peu de nourriture, soit par un trop long intervalle entre les repas, soit par la mauvaise qualité de la feuille;

7° Que ce qui peut prévenir l'invasion de ce terrible fléau, c'est l'application de procédés rationnels à l'éducation de nos vers. (*Voir* plus haut, et surtout la conduite générale dans le *Guide*);

8° Que les vers doivent être tenus au large : 39 mètres carrés sont nécessaires au produit d'une once de graine obtenue d'après ma *Méthode*;

9° Que l'air de l'atelier doit toujours être pur, et pour cela souvent renouvelé;

10° Que l'hygromètre ne doit jamais y indiquer moins de 80 degrés;

11° Que, malgré l'humidité de l'air, il faut, à tout prix, prévenir celle de la couche, attendu qu'il s'en dégagerait des miasmes délétères;

12° Que, par conséquent, l'usage de la feuille mouillée impose l'obligation de déliter au moins tous les deux jours (1).

(1) Il me semble entendre la plupart de nos éducateurs taxer ce conseil de ridicule, peut-être même de ruineux. Il n'est ni l'un ni l'autre. La sagesse et l'utilité en sont les caractères ; un bon produit, la conséquence de son application. L'humidité de l'air favorise la réussite de vos chambrées, celle de la couche ne pourrait que la compromettre (distinguez bien), et la couche est d'autant plus humide que l'atmosphère est moins sèche. Déliter, je ne l'ignore pas, est un travail long et pénible : le filet en abrège la durée et en diminue le désagrément. Employez-le autant que possible. Mais supposons que le délitage vous nécessite,

13° Que les remèdes curatifs contre la muscardine ne peuvent opérer qu'à son début;

14° Que ces remèdes sont, outre le grand préservatif, une éducation rationnelle : 1° l'eau; 2° le rafraîchissement de l'atelier ; 3° la chaux en poudre;

15° Enfin, que pour prévenir la contagion, d'année en année; pour désinfecter les magnaneries, il faut employer les lotions avec le sulfate de cuivre, les fumigations sulfureuses et le blanchissement au lait de chaux.

pour une éducation de vingt onces, l'emploi de deux personnes, depuis le commencement du quatrième âge jusqu'à la fin du cinquième. Quinze jours, trente journées; dépense 60 fr. : deux femmes suffisent au surcroît de travail qu'impose mon précepte. C'est une dépense, sans doute, mais une dépense nécessaire; une dépense dont l'économie pourrait être ruineuse. N'oubliez pas qu'elle peut sauver votre chambrée, qu'elle peut vous la sauver annuellement; mais, quand sur cinq années elle ne vous la sauverait qu'une; quand par des circonstances dont vous ne sauriez prévoir le concours elle ne vous serait que partiellement utile les quatre autres, ne serait-elle pas encore une dépense nécessaire? une véritable, une grande économie?... Le plus simple calcul suffit pour l'établir. Il n'y a pas d'années où ces 60 f. ne vous valussent 60, 100, 200 f. par l'augmentation du produit. Et si, comme tout porte à le croire, ils vous en valent 2,000, 2,500, 3,000 une année sur cinq, ne devez-vous pas vous l'imposer? Vous avez réussi en n'opérant que de rares délitages; mais, répondez sincèrement, avez-vous toujours été satisfaits de vos réussites? n'auraient-elles pas pu être meilleures? n'avez-vous jamais éprouvé de mécomptes? Mon conseil tend à les prévenir. Qui veut la fin doit vouloir les moyens.

Contre un ennemi si terrible ce n'est pas trop qu'un pareil arsenal; employez tour à tour chacune de ces armes; surtout fermez-lui votre camp : mieux vaut prévenir le mal qu'avoir à le guérir, même alors qu'on en a le remède; et, contre la muscardine, il n'en est pas dont l'efficacité ne soit très-contestable. Gardez-vous donc de négliger le mode d'éducation rationnelle indiqué dans le *Guide*. Lui seul peut vous préserver de cette cruelle maladie, et non-seulement de celle-là, mais de toute autre. Et vous savez bien que la muscardine n'est pas la seule qui puisse vous atteindre, vous frapper, vous ravager. C'est la plus redoutable, sans doute, mais non l'unique à redouter. Qu'importe, après tout, que votre chambrée périsse de morts-flats, de gras, de passis ou de muscardins? La banqueroute n'est-elle pas la même? Ce qui importe, c'est qu'elle ne périsse pas. Eh! bien, laissez-vous guider par mon *Guide*, et vous la verrez prospérer; il conduira, j'en ai la conviction, à une parfaite réussite. Vous surtout qui opérerez sur de la graine obtenue d'après ma *Méthode*. — Oui, j'en suis bien convaincu, et vous ne tarderez pas à l'être, ma *Méthode* et mon *Guide* augmenteront de plus d'un quart votre récolte sérigène.

AVIS ET CONCLUSION.

Nous avons indiqué les moyens de mieux réussir qu'on ne l'a fait jusqu'ici dans l'éducation des vers à soie ; mais nous ne garantissons la réussite qu'à ceux qui se conformeront en tout aux préceptes que nous avons donnés. La feuille de mûrier est une mine d'or capable d'enrichir nos pays ; mais il faut pour cela qu'elle soit convenablement exploitée, et l'ignorance est encore presque partout à la tête de cette importante exploitation. S'il n'en était ainsi, paierions-nous à l'étranger un si énorme tribut pour la soie grège, annuellement indispensable à l'alimentation de nos fabriques ?

Quand cessera la France de payer un tribut d'autant plus onéreux pour elle, que l'or qu'elle donne à ses voisins pourrait être distribué à ses enfans ? Quand l'éducation des vers à soie n'y sera plus confiée à la routine. Mais qui peut se flatter de voir l'heureux jour où cette aveugle souveraine, cette ennemie de tous progrès, cèdera aux vrais principes le sceptre qu'elle porte depuis si longtemps. Nous avons voulu le hâter par la publication de cet écrit, et, toutefois, nous ne nous dissimulions pas combien nous étions impuissans pour remplir cette tâche. Le préjugé a des racines si profondes que souvent les meilleures raisons ne peuvent pas même l'ébranler ; mais s'il est vrai qu'on résiste au précepte, il ne l'est pas moins que l'on cède à l'exemple. Que le gouvernement établisse dans chaque arrondissement, où l'on se livre à cette importante industrie, une *magnanerie perfectionnée*, accessible aux moyennes fortunes, où des magnaniers instruits, versés dans les sciences physico-chimiques, et connaissant à fond les principes de l'art qu'ils seraient chargés d'enseigner, l'apprendraient gratuitement à tous ceux qui voudraient suivre leurs leçons, et montreraient par des rapports fréquens et circonstanciés, mais surtout par une bonne réussite, les moyens qu'il faut prendre pour obtenir annuellement d'une même quantité de feuille une quantité toujours à peu près égale de cocons de la meilleure qualité ; et le désir de grossir leur fortune, ouvrant les yeux des *routiniers*, les forcera bientôt à sortir de l'ornière où ils se traîneraient encore longtemps, si l'on n'employait ce moyen. Dans l'intérêt de nos cultivateurs, dans l'intérêt de notre pays, dans l'intérêt de notre industrie, dans notre propre intérêt, nous devons donc supplier le gouvernement de faire sans délai cette utile dépense; il est trop ami de la prospérité nationale pour ne pas satisfaire à ce besoin, et trop clairvoyant pour ne pas découvrir tout ce qu'il a à y gagner lui-même. Agissons, agissons sans retard, agissons ensemble, agissons avec confiance : un gouvernement tel que celui sous lequel nous avons le bonheur de vivre, ne saurait répondre défavorablement à une si juste et si nécessaire demande.

FIN DU GUIDE DU MAGNANIER.

LE GUIDE

DU

CULTIVATEUR DE MURIERS.

LE GUIDE

DU

CULTIVATEUR DE MURIERS.

CHAPITRE PREMIER.

INTRODUCTION.

HISTORIQUE DE LA CULTURE DU MURIER.

Que le mûrier appartienne à la *monoécie tétrandrie* de Linné ; qu'il soit placé par de Jussieu dans la famille des *urticées* ; que le célèbre de Candole le relègue dans la section des *artocarpées*, c'est ce qu'on n'a nul besoin de savoir pour le cultiver avec fruit. Ne tenant pas à faire parade de science, je passerais donc, sans autre préalable, à l'exposition des principes d'après lesquels il doit être traité dans les diverses périodes de son existence, si je ne croyais agréable à la plupart de mes lecteurs de connaître l'histoire de ce riche végétal, à la culture duquel quelques-uns doivent leur fortune et un si grand nombre cette délicieuse aisance qui suffirait à leur bonheur, si la piété chrétienne mettait un terme à leurs désirs.

Le mûrier, qu'Olivier de Serres disait être plein de bénédictions divines; que le plus grand génie des temps modernes appelait l'arbre d'or, et qui, nous en avons la certitude, peut pleinement justifier ces magnifiques qualifications, paraît avoir eu pour berceau la partie septentrionale de la Chine. Oui, la culture du mûrier, l'éducation de l'insecte auquel son feuillage sert de nourriture, le moyen de convertir en soie et finalement en tissu le produit de cet insecte, ont été connus dans cette partie du globe dès la plus haute antiquité (1). Cet arbre s'étendit de proche en proche dans les diverses contrées d'Asie. Deux moines grecs, de retour en 627 d'un voyage en Perse, ayant fait

---

(1) En Chine, on trouve des notices écrites d'après lesquelles il est certain qu'on y élevait les vers à soie 2,700 ans avant l'ère chrétienne.

connaître à Justinien la manière dont on y obtenait la soie, qui dans ce temps-là se payait au poids de l'or, y retournèrent trois ans après, à la prière de ce prince, et en rapportèrent, dans des cannes creusées, des œufs de ver à soie et des graines du végétal dont le feuillage est spécialement affecté à la nourriture de ce précieux insecte. Voilà ce que nous lisons dans tous les auteurs qui ont traité le sujet qui nous occupe; mais comment se fait-il qu'ils n'aient pas vu l'erreur que contient une pareille histoire? Avec quoi nourrit-on les vers à soie provenus des œufs qu'apportèrent de Perse à Constantinople les moines voyageurs? Ce n'est certes pas avec la feuille des mûriers qui provinrent des graines de cet arbre dont ils étaient également porteurs! Et, cependant, cette version adoptée sans examen et successivement répétée, s'est perpétuée jusqu'à nous. En l'adoptant comme vraie, nous allons la rendre vraisemblable.

Le mûrier noir, très-ancien en Europe, croissait probablement à Constantinople (1)

---

(1) Quelques historiens, plus amis du merveilleux que du vrai, ont dit que ces deux moines étaient Persans, et qu'ils voyageaient en Sérique. Mais était-il besoin, en 627, d'aller chercher le mûrier dans son pays natal, et puis, quel rapport entre Justinien et deux moines persans?

comme en Perse, d'où quelques écrivains prétendent qu'il est originaire. L'analogie et peut-être l'expérience dut le faire prendre pour nourricier de l'insecte fileur, en attendant qu'il pût trouver dans le mûrier blanc une meilleure subsistance. Voilà une hypothèse qu'étayent les plus fortes probabilités et qui seule peut rendre possible l'immense service rendu à leur patrie par les deux moines grecs (1).

Cette utile importation, que ses grands avantages auraient dû faire rapidement étendre dans toutes les provinces méridionales d'Europe, resta plus de six cents ans l'exclusive propriété des Grecs, et ce ne fut que vers le milieu du douzième siècle que le riche monopole de la production, de la mise en œuvre et du commerce de la soie leur fut enlevé par Roger-le-Conquérant, premier roi de Sicile, qui, à la suite d'une expédition contre Manuel Comnène, rapporta de Constantinople, non seulement des mûriers et des œufs de vers à soie, mais en amena des ouvriers capables de cultiver les arbres, d'élever les insectes et d'ouvrer leur produit. De Sicile, cette riche importation passa en Ita-

---

(1) La fable de Pyrame et Thisbé prouve que le mûrier est très-ancien en Grèce.

lie. Les Pisantins et les Luquois devinrent en peu de temps les rivaux des Siciliens; j'ai lu dans plus d'un chroniqueur que les papes, dans le treizième siècle, avaient introduit la culture du mûrier dans le Comtat Vénaissin.

Charles VIII étant passé en Italie pour la conquête du royaume de Naples, quelques-uns des seigneurs qui l'y avaient accompagné en rapportèrent des plants de mûrier, qui, d'abord, confiés au fertile sol de la Provence, et surtout des environs de Montélimart, virent bientôt s'étendre leur nombreuse postérité sur presque tous les points de la France. C'est là tout le fruit de cette conquête si brillante, si rapide, si coûteuse et si promptement évanouie. Louis XII et François Ier encouragèrent beaucoup cette culture naissante. Henri II, Charles IX et Henri III, marchèrent dans la même voie; malgré les guerres civiles qui, sous les règnes des deux derniers, désolèrent notre patrie; il ne s'y planta pas moins de quatre millions de pieds de cet arbre précieux. Le successeur des Valois, Henri IV, dont le cœur battait d'amour pour son peuple, sentant tout l'avantage qu'il pouvait retirer de cette culture, n'hésita pas, pour lui en donner l'exemple, à transformer en pepinière son jardin des Tuileries, et en magnaneries les cours de ce palais. Toujours mû par le même sentiment, la prospérité du royaume par cette branche d'industrie, il proscrivit en 1599 l'importation de toute étoffe de soie, et ordonna, trois ans plus tard, la plantation de mûriers autour des villes de Paris, de Tours, d'Orléans, etc. Le brave Sully, en garde contre toute innovation, résistait à son royal ami; mais Henri IV, fort de l'opinion d'Olivier de Serres et d'une commission instituée pour juger la question de savoir si les mûriers pouvaient prospérer ailleurs que sous un ciel méridional, donna suite à son utile projet, nonobstant les représentations de son vertueux ministre, et sous son règne la *Tourraine* et l'*Orléanais* produisirent d'abondantes récoltes de soie.

Voulant affranchir son royaume du tribut qu'il payait à l'étranger pour les riches étoffes de soierie qu'il en faisait venir, ce bon prince, en 1604, fit bâtir la place Royale dans le patriotique but d'établir, dans les vastes maisons qui l'entourent, des métiers de brocart d'or et d'argent. Le poignard de Ravaillac anéantit ces beaux projets en plongeant dans la tombe le généreux monarque qui les avait conçus.

Louis XIII, dirigé par l'ambitieux cardinal qui dominait et son maître et sa patrie, négligea ce que son auguste père avait si fortement encouragé. Richelieu, en répandant le goût des soieries, ne fit rien pour les rendre indigènes ; ses penchans tyranniques et ses projets ambitieux s'accordaient mal avec ceux des citoyens qui auraient eu le désir d'améliorer l'état de la France sous le rapport agricole ou commercial.

Sous Louis XIV, Colbert, dont le vaste génie sut prévoir tout ce que la culture du mûrier pouvait apporter d'avantages à sa patrie, rétablit les pépinières royales qu'avaient négligées ses prédécesseurs, et en établit de nouvelles dans le Berry, l'Angoumois, l'Orléanais, le Poitou, le Maine, la Franche-Comté, la Bourgogne et le Lyonnais. Il fit faire des plantations de mûriers en bordure aux frais de l'État, sur les terres de divers particuliers du royaume, qui, ne connaissant pas l'avantage qu'ils devaient en retirer, les laissèrent périr faute de soin, ou hâtèrent leur perte de toute autre manière..... Pour arrêter cet aveugle vandalisme, on promit au propriétaire une prime de 24 sous pour tout pied qui subsisterait après trois ans de plantation ; dès-lors, plusieurs provinces, entre autres la Provence, le Languedoc et le Dauphiné, se couvrirent insensiblement de cet arbre dont la dépouille est pour celui qui sait en faire usage d'un si riche produit.

Louis xv favorisa l'impulsion donnée par son prédécesseur. Louis xvi, que secondait l'intelligent Turgot, marcha sur les mêmes traces. La Révolution arrêta cet élan ; séduits par les sophismes ou plutôt par les théories creuses de certains novateurs qui voulaient implanter en France une république taillée sur le patron de celle de Sparte ou tout au moins de Rome, plusieurs cultivateurs commirent l'insigne faute d'arracher leurs mûriers.

Napoléon, considérant l'Italie comme une province dépendante de ses vastes États, fit peu de chose, parmi nous, pour la prospérité de cette branche d'industrie : d'ailleurs son empire n'étant qu'un vaste camp et devant se transporter alternativement sur tous les points de l'Europe, où ses nombreuses armées combattaient pour sa gloire plutôt que pour le bien de la patrie, que pouvait-il pour l'agriculture malgré son étonnant génie ? Rien ! L'agriculture ne prospère qu'à l'ombre de la paix ; et voilà pourquoi le règne de Louis xviii vit s'accroître d'une manière si rapide le produit des mûriers parmi nous. Honneur au noble préfet du Rhône, Lezey de Marnésia, qui, en ordonnant que les communaux de ce département fussent convertis en mûreraies et en créant des primes pour les propriétaires qui se livreraient avec le plus de zèle à la culture du mûrier, lui donna une impulsion si salutaire! L'exemple de ce sage administrateur fut suivi par un grand nombre de ses confrères; aussi le produit de la soie, qui, en 1812 n'avait été que de 30 millions, fut-il en 1826 de 60. A cette époque, Charles x fonda l'établissement royal des Bergeries avec la destination spéciale d'être consacré à la culture du mûrier et à l'éducation de l'insecte auquel sa feuille doit servir de nourriture.

Parlerons-nous de ce qu'on a fait pour naturaliser ce riche végétal dans les pays du Nord, tels que l'Angleterre, la Belgique, l'Allemagne, la Russie, etc.; ce que nous pourrions en dire ne serait peut-être pas sans intérêt pour quelques-uns de nos lecteurs; mais la majeure partie nous pardonnera sans peine d'avoir terminé ici cette trop longue introduction. Toutefois nous croyons devoir dire pour ceux dont l'orgueil national ou un sentiment bien moins noble pourrait être échauffé à la vue de ces tentatives, que nous ne croyons pas nos voisins du Nord en mesure de nous faire concurrence, pas même de se passer du produit de notre sol, si, comme tout nous porte à le croire, ils ne veulent pas mesurer leur luxe à l'aune de leur réussite territoriale.

CHAPITRE II.

DES DIVERSES ESPÈCES DE MURIERS.

Que dans le seizième siècle on ait longuement écrit sur les avantages du mûrier, on le conçoit, il n'était pas connu; mais qu'au dix-neuvième on écrive de longs chapitres sur la même matière, c'est-à-dire pour établir ce que personne ne conteste, c'est là une de ces naïvetés dont je ne me sens pas capable. Et ne serait-ce pas insulter à mes lecteurs que d'imiter un si singulier exemple? Qui ignore aujourd'hui que le mûrier produit la seule nourriture vraiment convenable à la chenille, vulgairement appelée ver à soie, et que le produit de cet admirable insecte peut enrichir le pays où il abonde?..... Un écrivain consciencieux ne doit pas seulement s'abstenir de publier des paradoxes ou des erreurs, il doit encore éviter, avec le plus grand soin, tout ce qui, ne pouvant rien apprendre à ses lecteurs, n'aurait pour résultat que de leur faire perdre un temps toujours d'autant plus précieux que sa perte n'est jamais réparable. Ne dire que ce qu'on sait être vrai, le dire le plus simplement et le plus laconiquement possible, tel est le devoir de quiconque écrit dans la vue d'être utile à ses semblables; tel est le mien; je mettrai la plus grande attention à le remplir.

La famille des mûriers se divise en deux branches principales : la *noire*, connue en Europe de temps immémorial, et la *blanche*, qui nous vient d'Orient. Chacune de ces branches, la dernière surtout, se subdivise en une infinité de rameaux auxquels on a donné le nom de *variétés*; il existe entre elles des différences si sensibles, qu'on serait tenté de les prendre pour des individus de diverses espèces ; mais quelque loin qu'il y ait de la large philippine à la petite feuille de persil que l'on rencontre si souvent dans nos pourettes, c'est évidemment à la même espèce qu'elles appartiennent l'une et l'autre. Une des variétés qu'on doit le plus s'attacher à connaître est celle que produit la différence de genre. La feuille du mûrier mâle, beaucoup plus nourrisante et par conséquent meilleure que celle du mûrier femelle, doit lui être préférée. Mais quel est le mûrier mâle? C'est celui dont tous les chatons tombent lorsque la fécondation est opérée, et qui par cela même ne porte point de fruit. Le mûrier femelle est celui en qui les mûres abondent; mais comme les individus unisexuels sont extrêmement rares et qu'on voit presque toujours sur une même tige des fleurs de différens genres, cet arbre, toujours excellent, doit être apprécié selon que les masculines y abondent et d'autant plus qu'elles y dominent davantage, attendu que les sucs qui auraient été nécessaires pour produire la mûre peuvent, en passant dans la feuille, en améliorer la qualité (1).

La cupidité de certaines personnes qui ne cultivent pas le mûrier pour en exploiter elles-mêmes la dépouille, leur fait souvent donner

---

(1) On a observé que les pommes de terre dont on retranchait la fleur produisaient des tubercules de meilleure qualité. Mais quand il n'en serait pas ainsi du mûrier, quand il serait démontré que la feuille de la femelle ne vaut pas moins que celle du mâle, ne devrait-on pas encore donner la préférence à celui-ci? N'ayant pas à nourrir des mûres, il doit, ou produire de meilleure feuille ou en produire davantage, ou se fatiguer moins et vivre plus longtemps. Dans les pays froids, dans le nord des Cevennes, par exemple, la feuille y est meilleure et les mûriers produisent moins de fruits, non parce qu'il y fait moins chaud, mais parce que le mâle étant plus robuste, a dû naturellement y être préféré.

la préférence à la variété qui s'éloigne le plus de celle dont je recommande la culture; elles veulent du poids parce qu'elles veulent vendre, et des mûres parce qu'elles veulent du poids. Le consommateur ferait bien de ne pas acheter cette feuille, ou au moins d'en établir le prix d'après la plus ou moins grande quantité de fruit dont elle serait accompagnée. Tôt ou tard mon conseil trouvera des gens disposés à le suivre, car le méchant fait toujours une œuvre qui le trompe. Et non-seulement il est rationnel de penser que plus un arbre produit de mûres moins sa feuille est propre à la nourriture des vers à soie et à l'accumulation de son précieux trésor, mais encore il est certain que la santé de ces insectes peut être compromise par la trop grande humidité que ces mûres procurent à la couche; et qu'achetée à poids on perd sur la feuille et sur son *ramassage*.

Dieu, dont la bonté si souvent méconnue se manifeste en toutes choses, a voulu que la feuille qui sert de nourriture à la chenille dont le riche produit peut puissamment influer sur la prospérité des peuples qui l'élèvent, fût scrupuleusement respectée par tout ce qui n'est pas elle. Ne devrions-nous pas bénir le Seigneur de ce que nos mûriers ne sont jamais la proie de ces myriades d'insectes, à qui quelques jours suffisent pour dépouiller de leur verdure nos vergers et nos bois ! Et ce n'est pas seulement dans le précieux privilége accordé à cet arbre que nous devons voir la bienveillance de l'Eternel, elle apparaît encore dans la faculté avec laquelle il peut successivement être rendu capable de supporter des températures opposées, et et par là même d'être utilement cultivé dans des pays divers. S'il n'eût pu prospérer que sous le ciel de l'Inde, nous aurions été privés de ses trésors, et si, comme on l'a trop longtemps pensé, le climat du Midi lui était absolument nécessaire, nos compatriotes du Nord ne pourraient point nourrir l'espérance de voir s'accroître leur industrie agricole de ses riches produits; mais grâces à Celui qui *protége la France*, il n'est presque pas de départemens dans ce vaste royaume où cet arbre précieux ne puisse être acclimaté. Plusieur agronomes lui assignent pour limite celle que la nature assigne à la vigne; nous n'hésitons pas à dire que c'est là une erreur ; il peut aller bien au-delà. Toutefois, qu'on y prenne garde, l'empressement qu'on mettrait à jouir pourrait compromettre la jouissance. De même qu'un Marseillais, accoutumé dès son berceau, au beau soleil de la Provence, éprouverait une impression pénible s'il était tout à coup transporté dans les glaces de Sibérie, de même le mûrier ne franchit pas impunément des espaces trop considérables. Mais qu'on marche progressivement, qu'on divise l'espace à parcourir en plus ou moins de stations, selon qu'il est considérable, et dès-lors on obtiendra le but sans inconvénient. Qu'on n'oublie pas que le mûrier est originaire des climats chauds, et que s'il peut réussir dans des régions tempérées ou froides, ce n'est que quand il y a été successivement préparé. L'impossibilité de *saoûter*, c'est-à-dire de mûrir son nouveau bois, de manière qu'il puisse résister aux gelées automnales et donner l'année suivante une nouvelle récolte, est la seule barrière qui doive être posée à la culture du mûrier ; encore pourrait-elle être impunément franchie pour le cultivateur assez riche, je devrais dire assez prudent, pour ne le priver que tous les deux ans de sa précieuse dépouille ; dans ce cas, les pousses printanières, mûries par le soleil d'été, n'auraient point à redouter les rigueurs de l'hiver; leur extrémité, tendre et encore herbacée, ne leur résisterait sans doute pas, mais nos climats méridionaux parent-ils toujours à cet inconvénient?....

Parlerons-nous des avantages que pourrait procurer ce riche végétal indépendamment de son feuillage ? M. La Rivière, de Lyon, a prouvé que l'écorce de ses jeunes pousses, traitées à la façon du chanvre, fournissait une filasse avec laquelle on pouvait obtenir de très-belles étoffes. Mais conviendrait-il de cultiver le mûrier pour la matière textile contenue dans ses pousses ? Oui, peut-être, si nous n'avions pas d'autres moyens de l'utiliser, mais assurément non, pouvant obtenir de sa feuille une matière bien autrement précieuse ; ce serait tout au moins échanger de l'or contre du cuivre, puisqu'il faudrait renoncer à la feuille pour obtenir le bois. Cependant une funeste routine, plutôt qu'une saine théorie, a mis un trop grand nombre de propriétaires à même de jouir simultanément de ces deux avantages ; et je conseille très-sincèrement à ceux qui ne voudront pas se laisser persuader qu'ils ruinent leurs mûriers en les taillant, de profiter de la découverte de M. La Rivière. Ils pourront dès-lors couvrir une partie de la perte à laquelle je voudrais les soustraire, par le profit qu'ils retireront du bois qu'ils sont dans le triste usage d'abattre chaque année. Qu'ils fassent donc ramasser les pousses de leurs arbres à mesure qu'on les coupe, qu'ils en fassent séparer l'écorce de la manière la plus avantageuse ; qu'ils fassent rouir, carder et filer la matière soyeuse qui en résultera ; ils pourront s'en défaire avantageusement, attendu qu'elle peut donner des tissus très-fins, très-forts et susceptibles de recevoir par la teinture les plus belles couleurs. Cette matière, dont on fait en Morée des cordes et d'espadilles, peut également être employée, avec le plus grand avantage, à la fabrication du papier, ainsi que l'a prouvé M. *Delapière*, propriétaire de la papeterie de Vraichamp, qui, en 1829, a reçu une médaille d'or pour avoir confectionné une collection de papiers d'écorce très-digne de fixer l'attention (1).

Le bois du mûrier n'est pas non plus sans mérite : sa couleur citrine, la propriété qu'il a de prendre un beau poli et de rester longtemps à l'eau sans s'altérer, en font un des bois indigènes les plus précieux pour les arts. Le sauvageon surtout, dont le pied cube ne pèse pas

(1) Il serait, peut-être, avantageux de laisser sécher les pousses avant d'en détacher l'écorce ; en les mettant dans l'eau, cette écorce s'en détacherait fort aisément et subirait ainsi un premier rouissage. D'ailleurs, cette mesure aurait le grand avantage de n'exiger des bras que dans un moment où l'on peut en trouver plus facilement et à plus bas prix.

moins de 45 livres, est un des meilleurs qu'on emploie en menuiserie.

Comme tous les grands végétaux, le mûrier est pourvu de deux sortes de racines; le pivot et les racines horizontales. La première peut être considérée d'abord comme un ancre dont la mission est de le fixer au sol, et ensuite comme une pompe au moyen de laquelle il peut extraire de ses entrailles les sucs dont il doit se nourrir, et qui sans elle seraient perdus pour lui. Les secondes doivent tout à la fois pourvoir à sa subsistance et contribuer à sa solidité; sous ce dernier rapport, elles jouent le rôle de cable ou d'arc-boutant, selon le côté d'où part la force qu'elles ont à combattre. Chacune de ces racines principales est armée d'une innombrable quantité de radicelles auxquelles leur forme capillaire a fait donner le nom de *chevelues*. Terminées en suçoir, les radicelles pompent les sucs de la terre qui peuvent convenir à la plante, les transmettent régulièrement aux racines mères, qui, après les avoir transformées en sève, les envoient au tronc, et, par son intermédiaire, aux diverses branches dont sa tête est formée.

N'ayant d'autre désir que d'indiquer au cultivateur jaloux d'augmenter le produit de ses terres, le moyen d'atteindre ce but, et sentant que, pour le voir réaliser, je dois, non le promener dans la région des hypothèses, mais bien le conduire dans la route d'une pratique sûre et basée sur les principes d'une sage théorie, je n'exposerai point ici les savantes divagations de certains agronomes qui ont voulu voir dans chaque mûrier le type d'une espèce différente ; je me bornerai à faire connaître les variétés les plus tranchées, et qu'on peut supposer généralement connues. Ces variétés, je les ferai connaître non pas par les noms qu'elles portent, parce qu'ils ne sont pas les mêmes partout, mais par leurs qualités apparentes semblables en tout lieu.

1. LE SAUVAGEON. — On appelle ainsi tout mûrier venu de graine. La feuille qu'il produit, généralement supérieure à celle des mûriers greffés, qui ne sont néanmoins que des variétés de cette immense espèce, est ordinairement petite, mince et fortement échancrée. Le mûrier-sauvageon donne moins à la fois que le mûrier greffé, mais dure davantage. Ainsi la qualité de son produit et l'espoir, bien fondé, d'en jouir plus longtemps, devraient bien nous rendre plus traitables sur l'article de la quantité. Sans doute il se manifeste dans nos pépinières des variétés intolérables : Eh! bien, qu'on les détruise ; ce n'est pas de celles-là que j'entends prendre la défense ; qu'on greffe les variétés dont la feuille est trop petite, trop rude, trop épaisse ; celles dont le plus grand produit est en mûres ; mais qu'on se garde bien de substituer à la feuille de persil une feuille de courge, *poumaou*. Sans doute la dépense sera moindre pour la faire cueillir, mais cette économie est-elle bien entendue? Est-elle réelle? Pour obtenir un quintal de cocons, il faut de 20 à 22 quintaux de feuille telle qu'on l'obtient par la greffe (1) ; à 50 centimes le quintal, on dépensera de 10 à 11 fr. Je suppose qu'on paie un tiers de plus pour la cueillette de la feuille sauvage, la dépense sera moindre encore, attendu que l'expérience a démontré qu'on pouvait obtenir avec 12 ou tout au plus avec 13 quintaux de cette feuille ce qu'on n'obtient qu'avec 20 ou 22 de l'autre. Et si l'on considère que la réussite de la chambrée est d'autant plus certaine que la feuille est plus légère, plus fine, plus nourris-

(1) Quand on opère avec la graine ordinaire ; avec celle qu'on obtiendra par ma méthode, il en faut beaucoup moins.

sante et de plus facile digestion, ne sentira-t-on pas toute l'injustice, je dirai presque tout le ridicule, de notre préférence pour la variété qui s'éloigne le plus de celle que nous devrions préférer ?

2. LE MURIER FRANC. — Le mûrier qui, par l'effet de la greffe, acquiert le nom de *franc*, n'est, comme je l'ai dit, qu'un sauvageon à plus large feuille **(1)** ; il en existe un grand nombre de variétés. N'oubliez pas que l'alimentation du ver influe beaucoup sur la réussite. Tenez compte de cette classification.

I. *Le mûrier rose.* — Sa feuille la plus gommo-résineuse est faiblement pétiolée, ovale, lisse des deux côtés, peu découpée et terminée par une pointe aiguë. De toutes les feuilles franches c'est incontestablement la meilleure, celle qui s'approche le plus de celle que produit le sauvageon (2). Pitaro dit que le *ver à soie s'en*

---

(1) *Voyez* note page 17 du *Guide du Magnanier*.

(1) Le savant Robinet a établi, par de judicieuses expériences, qu'elle lui était préférable. Nous pouvons avoir raison l'un et l'autre. Si cet illustre expérimentateur a opéré avec du sauvageon à feuille plus ou moins grossière, et, je l'ai dit, les variétés en sont nombreuses, sa conclusion peut être légitime sans que la mienne perde de sa valeur. Je ne conteste pas que le mûrier rose ne soit un excellent sauvageon, je l'affirme.

nourrit avec autant d'avidité que d'avantage, et Thomé assure qu'il résulte de ses expériences que c'est celle qui, par ses qualités, a le plus de rapport avec celle du sauvageon. Malheureusement il est vrai de dire que l'arbre qui la produit est ordinairement de peu de durée; qu'il est très-sujet au mal noir ou feu volage. (*Voyez* au chapitre *Maladies*, moyen de le guérir.

II. *Le Moretti*. — Ce mûrier, auquel on a donné le nom du célèbre naturaliste qui, en 1816, le découvrit dans les pépinières du jardin botanique de Pavie, dont il était conservateur, donne une très-large feuille, cordiforme, terminée par une pointe aiguë, lisse des deux côtés, d'un beau vert luisant, très-fine, fort soyeuse et que le ver dévore avec avidité. Sa graine le reproduit sans dégénérescence sensible; il se propage aussi très-facilement par bouture; sa végétation est rapide et luxuriante, sa dépouille copieuse, son bois ferme résiste au froid, il n'est ni trop, ni trop peu précoce. Donnez-lui une large place dans vos plantations. Le mûrier *lou*, dont M. Camille Beauvais fait un si pompeux éloge et qu'il cultive avec tant de succès, n'est guère autre chose que le *moretti*.

III. *Mûrier de Constantinople*. — Ce mûrier, commun en Turquie et en Grèce, est peu élevé;

ses branches sont grosses, ses feuilles luisantes et en touffe, son fruit solitaire et d'un très-beau blanc. M. Loiseleur-Deslonchamps assure que cent cocons de vers à soie nourris avec la feuille de cet arbre pesaient trois gros de plus qu'un pareil nombre provenus de la même qualité de vers, également soignés, mais nourris avec toute autre variété de feuille.

IV. *La Colombasse* ou *Blanquette*. — Cette feuille est fine, lisse, luisante, mince, petite; l'arbre qui la produit pousse beaucoup et porte un fruit blanc ou rouge, ou légèrement purpurin. C'est dire qu'il en existe plus d'une sous-variété. Digne rivale de la rose, la *colombasse* ou *blanquette* est très-soyeuse, de très-facile digestion et par conséquent très-propre à la réussite de l'insecte qui s'en nourrit. Pourquoi faut-il qu'on n'en cueille plus chez nous que sur quelques vieux arbres dont la vigueur naturelle s'obstine à disputer au temps leurs rameaux éclaircis! Pourquoi faut-il que nos modernes agriculteurs en aient sacrifié l'espèce à celle du *poumaou*! La raison frémit à la vue d'un si désastreux sacrifice que l'illusion seule a pu conseiller, mais que l'intérêt aurait dû proscrire. Abandonner la culture des mûriers à feuilles rudes, épaisses, indigestes; cultiver ceux qui se rapprochant le plus du sauvageon, en donnent de minces, luisantes, lisses, tel est le conseil de votre intérêt bien entendu.

V. *La Rabalaïre.* — Cette variété joint aux avantages de la précédente, celui de ne pousser qu'une dixaine de jours plus tard, et par là même de ne pas craindre les gelées printanières, avantage fort considérable, même dans le Midi où nous avons à redouter les touffes de juin, car le meilleur moyen de les éviter est de faire monter sa chambrée en mai. Et comment le peut-on quand la feuille a été brouie en avril? Recommander la culture des variétés les moins précoces me semble donc agir de la manière la plus conforme à la raison et conséquemment à l'intérêt de nos cultivateurs.

VI. *La Fourcade.* — Cette variété, très-bonne, d'un vert luisant et fortement échancrée, a presque la forme d'une fleur de lys; l'arbre qui la produit, poussant beaucoup de bois et portant peu de fruits, doit occuper une place d'honneur dans toute plantation.

VII. *Mûrier d'Espagne.* — Ce mûrier, apporté par les Maures dans le royaume dont il porte le nom, donne une feuille plus grande, plus épaisse et d'un vert plus foncé que le précédent. Cette variété est elle-même subdivisée en plusieurs variétés diverses ; il en est une que Dandolo vante beaucoup : le mûrier à feuilles doubles ou à flocs, ainsi nommé parce qu'il offre toujours au-dessous d'une feuille assez grande, deux feuilles de moindre dimension ; dans cette sous-variété le fruit en très-grand nombre ne mûrit que bien rarement.

VIII. *Mûrier de Toscane.* — Cette variété, que M. Bosc nomme *reine bâtarde*, produit une mûre noire, une feuille dentelée et deux fois plus large que la rose. M. Madiol la dit supérieure à la variété précédente ; mais *Dandolo* n'est pas de cet avis.

IX. *Mûrier de la Cochinchine.* — Ce mûrier, que quelques propriétaires ont déjà introduit en France, a de très-larges feuilles, voilà tout ce qu'on peut en dire encore de plus flatteur ; et toutefois je ne pense pas que cet avantage lui assigne un rang bien distingué dans notre agriculture ; car, moins rapprochées sur la pousse que dans des variétés déjà décrites, il est à peu près certain qu'à volume égal un mûrier d'Espagne produirait autant qu'un mûrier de la Cochinchine.

X. *Le mûrier romain.* — La feuille qu'on appelle *romaine* est grande, très-juteuse, cueillie sur un arbre jeune ou bien placé ; si l'arbre est vieux et planté dans un terrain peu fertile elle perd ces qualités.

XI. *Le Poumaou*. — Cette variété diffère bien peu de la précédente ; sa feuille, ovale, épaisse, grande, d'un vert foncé, est très-indigeste. Pourquoi faut-il qu'elle soit si multipliée parmi nous ?

XII. *Mûrier rouge* ou *de Virginie*. — Comme son nom l'indique, cet arbre nous est venu de l'Amérique du Nord ; ses feuilles, grandes, oblongues, rudes, cordiformes, ne sont guère du goût des vers à soie, et si j'en parle, c'est pour engager mes lecteurs à le laisser loin de leurs champs.

XIII. *Mûrier de Philippine*. — Ce mûrier, qu'on vante si étrangement, et qui peut être très-bon là où il a été pris, ne vaut rien parmi nous ; il est si précoce que les gelées printanières nous le rendront toujours inutile, et sa feuille est si large et si mince, que les vents qui règnent dans nos contrées méridionales achèveraient constamment de détruire ce que les gelées auraient épargné. Laissez aux îles Philipines le fameux *multicaule*, c'est le conseil de la prudence.

Quelques personnes s'étonneront peut-être que je relègue au dernier rang un arbre dont l'introduction en France a été saluée avec tant d'enthousiasme. Mais qu'elles considèrent qu'à ce que j'en ai dit, je puis ajouter que sa feuille se fane très-promptement; que les vers qu'on en nourrit marchent moins vite, restent plus petits et produisent des cocons moins gros et moins pesans que ceux qu'on a nourris avec toute autre, et mon tort leur paraîtra moins grave. Pour lui, l'engoûment a fait place à l'indifférence; dans les régions méridionales, je pourrais presque dire au mépris. Toutefois, je pense qu'il peut être fort utilement cultivé dans le Nord. Là, il pousse un peu plus tard, et sa feuille, que les vers mangent avec plaisir, moins exposée à l'action des vents et des gelées printanières, peut être d'un utile secours.

Les noms des diverses variétés de feuilles changeant preque à chaque localité, je sais qu'on ne pourra reconnaître celles dont je recommande la culture, qu'autant qu'on suppléera aux lumières qui doivent résulter des noms, par la description que nous en avons donnée. Mais je compte sur la sagacité de mes lecteurs. Je leur ai dit que la feuille de sauvageon était incomparablement celle qui convient le mieux au ver à soie, j'ajoute que de cette vérité d'expérience on doit conclure que la variété qui a le moins de ressemblance avec elle est celle qui lui convient le moins, et cela doit suffire. Oui, avoir signalé les deux points de comparaison, c'est avoir tracé à tout cultivateur intelligent la route qu'il doit suivre. Ainsi, sous quelque dénomination que soit connue dans son pays cette variété large, ovale, épaisse, non dentelée, d'un vert foncé, qui dans le mien est appelée *poumaou*, il saura lui substituer une variété plus fine, moins indigeste, plus nutritive, plus résineuse. La variété petite, luisante, ferme, qu'on appelle *blanquette* ou *colombassette*, la variété *rose* et celle *moretti*, sont celles qui, après la sauvage, réunissent au plus haut point toutes ces qualités. Sans doute les variétés de grosse espèce produisent plus de feuille que celles que nous proposons de leur substituer, mais est-ce pour la feuille que l'on cultive le mûrier? Non, c'est pour la chenille qui doit s'en nourrir, et pour la soie qu'elle doit produire. Il est donc rationnel, je dis plus, indispensable de cultiver la variété dont la feuille, contenant sous un moindre volume une plus grande quantité de nourriture et de matière soyeuse, convient le mieux à la constitution du ver à soie et peut, par conséquent, contribuer le plus à sa réussite. Notre calcul est donc faux, notre cupidité est donc mal éclairée, lorsque, séduits par les apparences, nous substituons aux variétés les plus propres à nous faire atteindre ce but, à la colombassette, à la rose, à la moretti, à la rabalaïre, à la fourcade, en un mot à la feuille fine, petite, dentelée, et qui se rapproche le plus de la sauvage, celle qui s'en rapproche le moins, la *poumaou*. En agir ainsi, c'est bien prouver que l'on veut de la feuille, et si je cultivais mes mûriers pour mes bœufs je n'en voudrais pas d'autre, mais ce n'est pas prouver qu'on veuille des cocons; et néanmoins c'est à ce résultat qu'on aspire. Je ne doute nullement que l'introduction dans nos pays de ces grosses espèces et le funeste usage de tailler les mûriers trop souvent et trop court, n'aient influé sur la qualité de nos soies et appauvri nos récoltes de cocons,

CHAPITRE III.

DU MURIER NOIR.

Cette espèce est généralement regardée comme indigène d'Europe ; quelques auteurs lui assignent pour berceau le beau climat de l'Italie ; d'autres prétendent que c'est à la Perse que nous en sommes redevables, et qu'elle n'est parmi nous que naturalisée (1). S'il en est ainsi, il a dû mériter depuis longtemps la faveur qu'on lui a faite, puisque l'époque de sa naturalisation se perd dans la nuit des âges et à tel point que ce n'est que sur de simples conjectures qu'on le suppose originaire des régions orientales. Quoi qu'il en soit du lieu qui le vit naître, il est cer-

(1) M. l'abbé de Sauvages pense que l'indigénat européen de cet arbre est très-douteux ; il s'appuie sur ce qu'il ne croît pas naturellement dans nos bois, et sur ce que la seule chenille qui l'attaque est d'origine étrangère.

tain qu'il a été connu en Europe de temps immémorial, et cultivé parmi nous dès le milieu du quinzième siècle. Cet arbre produit une grosse mûre noire ou d'un violet très-foncé, vulgairement appelée *mûre de dame*, dont on fait un excellent sirop. Sa feuille, grande, dentelée en forme de scie, épaisse, rude au toucher, lanugineuse, terminée en pointe, d'un vert très-foncé, pousse dix ou douze jours plus tard que celle du mûrier blanc et donne une soie glus grossière, mais plus forte, plus pesante et très-recherchée pour les ouvrages de passementerie (1). Cette espèce, qu'on ne cultive guère de nos jours que dans le royaume de Grenade et dans quelques provinces d'Italie, était jadis cultivée parmi nous avec beaucoup de soin, et son produit de beaucoup préféré à celui qu'on lui préfère maintenant. *Barthelemi Lafèmas*, qui écrivait au commencement du dix-septième siècle, assure que la feuille de cette qualité se

---

(1) Corfuccio, éducateur italien, assure, dans un ouvrage publié en 1580, que les vers à soie nourris avec la feuille du mûrier noir, sont beaucoup plus vigoureux que ceux qu'on nourrit avec celle du blanc. Malpighi et Olivier de Serres la vantent beaucoup et disent avoir observé que la soie qui en provient est plus forte et plus pesante que celle qu'on peut obtenir avec toute autre espèce.

vendait généralement trois fois plus que celle de toute autre. On avait tort à cette époque de donner trois fois plus pour avoir un peu moins; mais a-t-on raison aujourd'hui d'abandonner tout-à-fait la culture d'un arbre qui produit une feuille dont le ver à soie s'accommode fort bien et qui, s'il vient lentement, semble braver les siècles et promettre à son possesseur un éternel produit? Un des motifs qui ont déterminé cet abandon, est probablement la difficulté de multiplier les individus de cette espèce; mais si la marcotte, la bouture et la greffe étaient des moyens longs, chanceux et par là même insuffisans, que ne recourrait-on au semis comme on l'a fait pour ceux de l'autre?... Voulez-vous rendre au mûrier noir un peu de cette faveur dont il a joui, prenez de grosses mûres au moment de leur maturité, obtenez-en la graine, semez-la et cultivez-en les pousses, soit en pourette, soit en pépinière, ainsi que je le prescris pour ceux de l'autre espèce aux chapitres suivans.

Les racines du mûrier noir n'ayant pas beaucoup de chevelu, vous devez avoir soin en le plantant à demeure, de lui en laisser le plus possible, afin qu'il puisse plus aisément pomper le suc de la terre et répondre plus promptement à vos désirs. Ayez soin également de ne pas le reléguer dans un endroit qui ne serait pas de son goût et où il ne pourrait que languir en attendant une mort prématurée. N'oubliez pas qu'il aime les climats tempérés, les plaines découvertes, les pays maritimes, la pente des montagnes, l'exposition du levant, les terres meubles, légères et suffisament humides ; qu'il se plaît beaucoup dans le voisinage des bâtimens, pourvu qu'il n'en soit pas ombragé, mais qu'il se refuse à prospérer dans le tuf, l'argile, la craie et les terrains trop humides. Beaucoup plus robuste que le mûrier blanc, il peut résister à l'action des causes qui trop souvent dépeuplent nos mûreraies... Pourquoi ne lui confierions-nous pas les places que ceux-ci laissent vides ?... Pourquoi nous obstinerions-nous à remplacer le blanc par le blanc, quand il est positif, que le noir seul a des chances de vie dans tous les lieux où le blanc a péri. Le bois de mûrier noir, auquel je n'oserai garantir la vertu de chasser les punaises, comme l'ont fait certains auteurs, est beaucoup plus dur que celui du mûrier blanc, et peut être plus utilement employé en menuiserie aussi bien qu'en charronage.

CHAPITRE IV.

DE LA REPRODUCTION DU MURIER.

La marcotte, la bouture et la graine, tels sont les moyens de multiplier cet arbre d'autant plus précieux que son produit résidant dans son feuillage, ne peut jamais frustrer entièrement nos espérances, comme le font trop souvent le plus grand nombre de ceux qui peuplent nos vergers ; cet arbre, dont la riche dépouille doit annuellement accroître la prospérité des pays favorables à sa culture, aussitôt qu'affranchis du joug de la routine ceux qui l'y cultivent sans principes, l'y cultiveront avec intelligence et avec soin. La greffe a mal à propos été mise au nombre des moyens par lesquels les végétaux peuvent être multipliés, attendu que, ne pouvant être utilement opérée que sur des individus de même nature, elle ne peut servir qu'à la propagation des diverses variétés. Mais qui ne verrait, dans l'extrême facilité avec laquelle et les variétés et les individus se propagent, l'ineffable bonté du Créateur? Oh! admirons son infinie munificence et profitons avec actions de grâce de ce qu'il nous accorde avec une si admirable profusion.

I.

De la reproduction du mûrier par marcotte.

Si je n'écrivais que pour les propriétaires académiciens ou même simplement littérateurs, je ne me serais pas permis de donner à mon style une tournure si bourgeoise, et je me garderais bien certainement de donner ici une définition de la *marcotte* ; mais j'écris pour tout le monde, j'écris en 1847, j'écris dans le but d'être utile, et je dois, pour l'atteindre, sacrifier mes petites prétentions littéraires au besoin d'être compris.

On donne le nom de *marcotte* à l'opération qui a pour objet de multiplier certains végétaux et qui consiste à placer en terre une pousse de l'individu qu'on veut propager, de l'y placer de la manière la plus propre à faire produire des racines, et de ne la séparer de la mère-plante que quand elle en a acquis un assez grand nombre pour vivre de sa propre vie et être constituée en individu distinct. L'extrême facilité de propager les espèces par la greffe et les individus par le semis, jointe à la difficulté de mettre en terre les branches du mûrier, ont fait renoncer presque partout à la marcotte. Si nous n'avions d'autres moyens que celui que proposait *Isnard* en 1665, que M. *Boitard* nous a transmis en 1828, habillé à la moderne, et qui consiste à faire passer la branche à travers un panier rempli de terre que soutiennent plusieurs pieux, je louerais mes concitoyens d'y avoir renoncé; mais la marcotte offre des avantages que l'on peut obtenir sans passer par ces ridicules inconvéniens. Qu'on coupe à 40 centimètres au-dessus du sol un mûrier planté dans un bon fonds et greffé rez-terre depuis quatre ou cinq ans, on obtiendra de cette souche des pousses magnifiques qui, marcottées à leur première année, pourront être, à leur troisième, autant d'individus distincts. Là est tout le secret de ces pépinières perpétuelles que l'on trouve en si grand nombre dans tous le Verronnais et si fortement prônées par le comte Verri.

Les provins enlevés, le mûrier-mère qu'on a dû couvrir et qu'on découvre aussitôt, pousse de nouveaux jets, que la même opération transforme, dans la même période, en arbres susceptibles d'être avantageusement plantés à demeure, et, selon les plus fortes probabilités, susceptibles de résister plus longtemps aux diverses causes de mort que ceux qu'on a greffés sur sauvageon : car, dans ceux-là, la plus parfaite similitude existe entre les racines et les branches, tandis que dans ceux-ci il y a toujours, entre ces deux organes, une plus ou moins grande dissemblance; et qui ne sait que le défaut d'équilibre doit tôt ou tard entraîner la ruine de l'individu en qui il se manifeste? (1)

Ce principe, que je regarde comme incontestable, peut efficacement concourir à l'explication d'un fait qui, vu sa généralité, ne doit être étranger à personne. Tout le monde sait qu'il n'est pas un de ces vieux mûriers, qu'on nomme *de la prime* et quelquefois *de l'ordonnance*, pas même de ceux à qui l'on ne peut accorder moins

(1) Le docteur Pitaro dit que les mûriers provenus de marcotte ou de bouture ne vivent que le temps que doit vivre l'individu dont ils ont été pris; et quelle preuve donne-t-il à l'appui de cette étrange assertion? Sa parole!

d'un siècle, qui produisent de ces larges feuilles que notre aveugle cupidité a si étrangement multipliées de nos jours. Personne n'ignore que les mûriers de grosse variété sont moins vivaces que ceux de petite ; mais peu se doutent que cette différence vient de la conformité ou de la dissemblance entre les branches et les racines, et que c'est à cette conformité qu'est due l'existence de ces mûriers presque *tri-séculaires* que l'on rencontre çà et là dans les divers endroits où l'on s'est livré de bonne heure à la culture de cet arbre précieux, et qui condamnent énergiquement les modernes procédés d'après lesquels on le traite dans diverses contrées. Oui, la greffe nuit à la prospérité de ce riche végétal, et d'autant plus que la qualité qu'on veut faire produire au sauvageon diffère davantage de celle qu'il aurait naturellement produite. La racine, ignorant si l'insatiable avidité de l'homme a pu intervertir sur l'individu dont elle fait partie l'ordre de la nature, pompe des sucs suffisans pour nourrir des branches de même variété qu'elle ; mais quand ces branches se trouvent plus dépensières, ses pousses doivent être plus courtes et sa vie moins longue. Je n'ignore pas que les végétaux aspirent par leurs feuilles comme ils pompent par leurs racines, les principes qui doivent concourir à leur développement, et qu'alors plus la feuille d'un végétal est grande, plus elle doit apporter à la plante qui la nourrit ; mais si les feuilles absorbent en raison directe de leur volume, elles transpirent dans la même proportion. Or, comme il est impossible qu'un ouvrier, quels que soient d'ailleurs ses bénéfices, puisse jamais augmenter sa fortune s'il dépense régulièrement en un jour ce qu'il a gagné en un autre, il ne l'est pas moins que la plus grande absorption d'une feuille accroisse la prospérité de l'arbre sur lequel elle vit. On a bien souvent dit que la greffe donnait de l'activité à la végétation ; c'est une erreur ayant pour cause une illusion semblable à celle qui a fait dire et qui fait répéter que la taille donne plus de vigueur, et, par suite, une plus riche dépouille au mûrier qu'on y a soumis. Dans l'un et l'autre cas, la sève n'ayant plus que quelques bourgeons à nourrir, les nourrit avec plus d'abondance ; mais cette supériorité de vigueur que semblent indiquer de plus grandes pousses et qu'on attribue, dans le premier, à la greffe, et, dans l'autre, à la taille, qu'est-elle qu'une trompeuse illusion ? Deux cents pousses d'un pied ne valent-elles pas mieux que vingt-cinq de quatre ? Et, toutefois, je n'entends condamner d'une manière absolue ni l'une ni l'autre de ces opérations : exécutées à propos et retenues dans de sages limites, elles sont fort utiles, je n'hésite pas même à dire indispensables. La marcotte qui, comme on l'a vu, pourrait être aisément pratiquée, et qui a l'avantage de donner des individus de bonne espèce harmoniquement organisés, a le grave inconvénient de ne fournir que des plants dépourvus de racines pivotantes, et nous avons fait voir de quelle utilité pouvaient être de semblables racines.

II.

De la multiplication du mûrier par bouture.

Ce mode de reproduction joint à tous les avantages de la marcotte celui d'une beaucoup plus grande facilité ; mais, comme elle, il a le grand défaut de ne fournir que des plants dépourvus de racines verticales, c'est-à-dire du pouvoir de résister aux violentes secousses et des moyens d'aller chercher dans les entrailles de la terre les sucs qu'elle contient, et la fraîcheur qui trop souvent manque à sa superficie, et que ne peuvent atteindre dans ses profondeurs ni la violence des vents, ni les chaleurs caniculaires.

Avec quelle rapidité, quelle facilité et quelle économie ne peut-on pas multiplier par la bouture les meilleures variétés!.... Est-ce l'inconvénient que nous venons de signaler qui a fait tomber dans l'oubli et regarder même comme chimérique un procédé si éminemment avantageux, un procédé que préconisent les plus judicieux agronomes et qu'on suit avec tant de succès dans l'Inde? Non, assurément, puisqu'une misérable pratique, une aveugle routine porte presque tous nos cultivateurs à retrancher la racine dont manquent les individus provenus de bouture. Qu'est-ce donc qui a pu le faire reléguer dans les régions de l'oubli? Je l'ignore. Mais j'apprendrais, sans surprise, que c'est à la ruse de certains jardiniers qu'est dû cet impardonnable abandon. N'est-il pas supposable qu'ils aient voulu, par leur semis, imposer un tribut à nos cultivateurs? Quoi qu'il en soit, la bouture doit reprendre, dans la formation de nos pépinières, la place qu'on n'aurait jamais dû lui ravir. Aux nombreux avantages qui militent en faveur de cette réhabilitation et que nous avons déjà énumérés, j'ajouterai celui qui résulte de l'inutilité de la greffe, avantage d'autant plus précieux que la réussite de cette opération dépendant beaucoup de l'état de l'atmosphère, on peut être obligé de la répéter inutilement plusieurs années de suite sur le même sujet, et, alors, quelle perte de temps et par là même de produit !....

Dirai-je que de cet inconvénient, auquel il est impossible de se soustraire, résultent des dépréciations irréparables et devant lesquelles s'efface la question de produit ? Mais personne n'ignore combien il est pénible de voir dans une belle avenue de mûriers, deux, quatre, six d'entre eux qui ne prennent point à la greffe et demeurent toujours inférieurs à leurs voisins. Rien de tout cela n'aurait lieu si l'on plantait des sujets provenus de bouture. Mais comment obtenir ces sujets ? Le voici : coupez sur l'arbre dont vous voudrez propager l'espèce, et plutôt en automne qu'au printemps, des pousses de l'année, de deux pieds à deux pieds et demi, plantez-les à trois pieds de distance dans un terrain bien préparé, à l'abri des rayons solaires, à dix-huit pouces de profondeur, et de manière qu'il ne sorte que deux ou trois bourgeons : travaillez-les souvent, arrosez-les de même, et dans quatre ans, au plus, vous aurez des plants magnifiques qui, convenablement placés, répondront infailliblement à vos désirs. J'ai dit que le terrain devait être à l'abri des rayons du soleil, et cette condition est une condition de réussite ; si elle n'était pas remplie, une trop forte transpiration ne tarderait pas à dessécher la bouture, surtout dans les premiers jours où, dépourvue de racines, elle ne pourrait point emprunter au sol de quoi réparer ses pertes. Pour vaincre la difficulté de trouver un terrain suffisamment ombragé et néanmoins propre à l'établissement d'une pépinière en bouture, on pourrait les planter à quelques pouces seulement les unes des autres, dans un lieu frais et ombragé, d'où on les transplanterait l'année suivante munies de racines et par là même en état non-seulement de ne pas craindre l'influence des rayons solaires, mais même d'en profiter pour leur développement, dans un terrain convenable à une pépinière. Là on agirait comme pour les plants de semis.

Que le mûrier prenne par bouture, c'est ce que le plus mince agriculteur n'oserait ignorer. Qui n'a pas vu dans nos pépinières la tête des jeunes plants qu'on est dans le funeste usage de couper et à laquelle on a donné le nom de *guide*, parce qu'on le place à côté de la tige, pour indiquer qu'elle est là, pousser aussi vigoureusement que la tige elle-même? J'ai vu, moi, et non pas par les yeux d'un aveugle correspondant, mais avec les miens propres, une table de trois cents boutures plantées en même temps et dans le même terrain que quatre cents plants de pourette parfaitement racinés, faire des progrès tels, que les arbres qui en provinrent furent vendus trois ans après, tandis que ceux qui vinrent de pourrette ne le furent que dans quatre. Ce fait, dont l'étrangeté pourrait faire suspecter l'exactitude, s'est passé à Sauve, dans le jardin de M. Simon Brès, jardin que je vois d'autant plus souvent, qu'il n'est séparé que par un étroit chemin de celui que je possède.

III.

Reproduction du mûrier par sa graine.

Ce mode de reproduction, le plus généralement adopté, serait sans doute préférable à ceux que nous venons de décrire, si l'on semait la graine là où l'on désire voir croître le mûrier ; dans ce cas, la racine pivotante fournirait à l'arbre tous les avantages qu'elle a mission de lui fournir. Mais peut-on dire qu'il soit raisonnable de le leur préférer alors qu'on renonce volontairement au seul avantage qui pourrait déterminer la préférence ? Non, car toutes choses égales, quant aux racines, il ne reste, pour la lui mériter, que l'inévitable inconvénient de produire des individus qu'il faut soumettre à la greffe, c'est-à-dire à une opération toujours plus ou moins nuisible, toujours plus ou moins destructrice de l'harmonie que réclame, dans leur organisation, la prospérité des végétaux. Quelques auteurs ont prétendu que les individus provenus de boutures étaient plus sujets aux maladies que ceux qu'on obtient de semis ; mais si l'on prend les pousses sur des sujets vigoureux, que peut-on raisonnablement craindre ? Rien ; au contraire, les plus fortes probabilités doivent nous faire attendre à leur longue existence.

J'ai dit que pour obtenir de la racine pivotante tous les avantages qui peuvent en résulter, il faudrait semer la graine là où l'on désire voir croître le mûrier, c'est-à-dire ne jamais changer de place l'individu qui en provient ; car, comment avec nos procédés de pourette et de pépinière pourrait-on, même avec le plus grand soin, obvier tout-à-fait à l'inconvénient attaché à ceux de la marcotte ou des boutures ? Cette racine, si nécessaire, peut-elle résister à deux transplantations ? Quand elle ne périrait pas en passant de la pourette à la pépinière, se sauverait-elle en passant de celle-ci à la place qu'on assigne au mûrier pour dernière demeure? Non, la plus minutieuse attention du plus intelligent agriculteur ne peut, tout au plus, que lui conserver le rôle de racine horizontale. Il faut donc renoncer à l'espoir d'obtenir des mûriers pourvus d'un si précieux agent de prospérité, car il est impossible de les obtenir de graines là où il nous convient de les placer, diront sans doute un grand nombre de mes lecteurs. Si vous parlez d'un terrain léger, maigre et aride, oui, vous avez raison; mais dans un terrain un peu substantiel, dans un terrain arrosable, où trouverez-vous cette impossibilité? Dans la faiblesse de l'individu qui pourrait succomber sous la dent de vos bestiaux? Eh bien! protégez cette faiblesse par une bonne haie, et soyez convaincus que le travail que vous occasionnera cette nécessité ne demeurera pas sans récompense. Votre mûrier adaptant son organisation aux circonstances du terrain, y vivra plus longtemps et plus beau : quel bien, en effet, ne doit-il pas résulter pour lui de la non-mutilation des racines deux fois inévitable dans notre système de pourette et de pépinière? Voilà ce que je conseille, voilà le moyen de mieux faire qu'on n'a fait jusqu'ici. Voyons maintenant quelle route on doit suivre quand on n'est pas décidé à entrer dans cette voie de perfectionnement.

La plupart des maladies, sous l'action desquelles dépérissent et succombent nos mûriers, n'ayant le plus souvent pour cause que l'imperfection des graines dont ils sont provenus, il est de la dernière importance d'apporter le plus grand soin possible au choix de celle que nous destinons à nos semis. Voulez-vous une pourrette forte (1), de belle venue, cueillez sur un mûrier de moyen-âge (2), vigoureux, planté dans un terrain plutôt maigre que gras, les mûres les plus grosses, écrasez-les dans un baquet plein d'eau, que vous aurez soin de verser souvent, afin de répandre avec elles les graines qui surnageraient et dont la légèreté attesterait le peu de perfection. Cette opération terminée, lavez bien celles que leur pesanteur spécifique a fait précipiter, faites-les sécher à l'ombre, et si vous ne voulez les semer qu'au printemps, mêlez-les avec la quantité de sable nécessaire pour ne pas les répandre trop épaisses, et serrez-les

---

(1) C'est le terme consacré pour désigner sur le semis les jeunes plants de mûriers.

(2) Plusieurs agronomes conseillent de choisir la graine sur un mûrier-rose ; elle donne, disent-ils, des sujets plus vigoureux, Seize onces de graines produisent environ 16,000 mûriers.

dans des vases de terre que vous aurez soin de bien boucher et de tenir dans un lieu où le thermomètre ne puisse jamais descendre au-dessous de zéro. Le sable quoique sec, et il faudrait bien se garder d'en employer d'humide, empêchera la trop grande dessiccation de la graine, et en lui conservant sa fraîcheur, rendra sa germination plus active. Une précaution qu'on fera bien aussi de ne pas négliger, c'est de laisser au moins deux ans sans effeuiller l'arbre dont on veut semer la graine. Le semis peut se faire en août dans le pays où l'olivier prospère ; mais dans ceux-là, comme dans ceux où la rigueur du froid s'oppose à sa culture, il est plus avantageux de ne le faire qu'au printemps : vers les premiers jours de mars, dans les pays chauds ; à la fin d'avril, dans ceux où l'hiver fait plus longtemps sentir sa poignante influence et dans lesquels on aurait à redouter l'effet des tardives gelées. C'est une grave erreur, et une erreur bien fertile en funestes résultats, que de croire qu'un semis ne puisse réussir que dans un terrain gras. Sans doute les progrès des jeunes plants sont toujours en rapport avec la richesse du sol, mais si ce sol est plus riche que celui auquel il faudra bientôt les confier, s'il est meilleur que celui de la pépinière, combien n'auront-ils pas à souffrir ! Les plantes ne franchissent pas avec plus de plaisir que les animaux la barrière qui sépare le bien-être du mal ; pour elles comme pour eux, la chute d'un état de prospérité à un état de misère, est une chute douloureuse. Le rapport que je réclame entre le sol de la pourette et celui de la pépinière, doit exister entre le sol de celle-ci et celui sur lequel on veut définitivement établir les jeunes plants. Sans doute, dans son enfance, le mûrier exige plus de soins que quand il est parvenu à sa virilité ; mais qu'on ne s'éloigne pas trop des principes que je viens de poser, on ne le ferait pas impunément. Le moyen de bannir de nos plantations ces mûriers rachitiques à l'aspect desquels nos yeux sont si douloureusement affectés, serait de faire toujours passer ces arbres d'un terrain maigre à un terrain plus gras ; car, de même que les enfans, gâtés par une éducation trop douillette, sont plus sensibles aux coups de l'adversité et supportent avec plus de peine les privations qu'elle impose que ceux qui n'ont jamais connu les douceurs de l'aisance, de même les jeunes plants, après avoir poussé dans un terrain où les meilleurs sucs abondent, ne peuvent que souffrir lorsqu'ils sont transplantés sur un sol aride et peu substantiel.

Le terrain sur lequel vous voulez faire un semis au printemps, doit être défoncé, fumé, préparé dès l'automne afin que les gelées de l'hiver l'ameublissent et le disposent à recevoir convenablement la graine qui doit lui être confiée. Négliger ces précautions, ne préparer la terre qu'au moment où elle doit être ensemencée, ne l'amender qu'avec du fumier chaud ou peu pourri, est une faute grave qui peut avoir les plus funestes résultats.

Ne me croyant pas obligé de décrire aussi minutieusement que mes prédécesseurs les règles d'après lesquelles doivent être formées les planches du semis, parce que leur forme ne peut nullement influer sur sa réussite, si elle ne contrarie ni sa culture ni son irrigation, et que, pour remplir cette condition, il ne faut pas une forte dose de génie, je me bornerai à dire qu'après avoir bien uni le sol, il faut y placer un cordeau, creuser tout le long une petite raie, y répandre la graine mêlée avec du sable afin de n'en pas trop mettre (1), puis la recouvrir

---

(1) Il est des personnes qui, aussitôt après avoir cueilli les mûres, les écrasent en les frottant contre une vieille corde qu'elles enterrent incontinent. Cette antique méthode, à laquelle on a presque entièrement renoncé, avait l'inconvénient de faire semer avant l'automne, trop épais, et les mauvaises comme les bonnes graines.

de 4 à 8 centimètres de terre, suivant son plus ou moins de perméabilité; que, soit pour faciliter la culture du plant, soit pour lui fournir les moyens de croître avec vigueur, il faut que les diverses raies soient séparées par un intervalle de 25 à 30 centimètres, et qu'entre chacun des pieds destinés à vivre dans la même, il y en ait un de trois ou quatre au moins. C'est trop, beaucoup trop, dira peut-être quelque vieux pépiniériste! Oui, pour vous qui ne visez dans vos pourrettes qu'à fournir nos marchés et qui devez combiner l'exiguité de votre terrain avec l'étendue de votre cupidité; mais pour le propriétaire qui destine la sienne à peupler ses champs, ces proportions sont nécessaires pour prévenir l'étiolement et avoir des plants plus tôt prêts, de belle venue, vigoureux et exempts des maladies qui trop souvent désolent nos plantations.

Quelque soin que vous apportiez à répandre votre graine, il lèvera toujours plus de sujets que vous ne devez en laisser; arrachez les plus faibles après quinze ou vingt jours, et apportez à cette opération la plus grande attention possible. Arrosez abondamment vos tables la veille du jour où vous devrez faire ce triage, de crainte qu'en arrachant ceux qui doivent l'être, vous ne dérangiez les petites racines de ceux que vous devez laisser. En donnant à votre semis tous les soins qu'il exige, en l'arrosant toutes les fois qu'il en aura besoin, en lui donnant de fréquens binages pour le débarrasser des herbes parasites, et émietter la terre de telle sorte qu'elle puisse aisément profiter des influences atmosphériques, votre pourrette aura acquis, avant les gelées automnales, une hauteur moyenne de quarante à quarante-cinq centimètres et assez de force pour n'avoir rien à redouter de leur action. Le printemps suivant, vous aurez à opter entre la méthode italienne, que je vous conseille avec plusieurs bons agronomes, et qui consiste à couper les jeunes plants rez-terre pour pouvoir les greffer l'année suivante ; et celle de la plupart de nos agriculteurs qui veulent qu'on choisisse les plus grands pour les transplanter en pépinière, et qu'on coupe les autres qui devront y être transplantés l'an d'après et y subir encore la même opération. Ceux-là ne veulent de la greffe qu'après la plantation à demeure et à une certaine hauteur, sous le double prétexte que la tige de sauvageon donne à l'arbre plus de chance de vie et à son possesseur un bois plus précieux après sa mort ; de ces deux considérations, la première est absolument nulle, puisqu'elle a pour base une erreur, et la seconde est d'une importance si minime, qu'elle ne saurait balancer, aux yeux d'un cultivateur intelligent, le grand avantage qui résulte de n'avoir point à opérer la greffe sur les arbres qu'on plante. Non-seulement, dans ce dernier cas, l'arbre qui n'est pas exposé à une nouvelle crise doit pousser davantage, mais encore nous offrir au moins un an plus tôt une plus riche dépouille.

Il serait avantageux d'espacer suffisamment la pourette pour que de là chaque plant pût, sans passer par la pépinière, aller occuper dans nos mûreraies la place qu'on lui destine ; on y gagnerait et du temps et de la vigueur. Le semis, comme la pépinière, doit toujours être travaillé avec des outils non tranchans, à cause du dégât que ceux-ci pourraient faire aux racines ; le louchet à branches ou le bigot (1), tels sont ceux dont on doit se servir pour les diverses œuvres qui leur sont nécessaires.

(1) On appelle *bigot* dans toutes les Cevennes un outil à deux branches pointues, et dont on se sert avec beaucoup d'avantage partout où il y a des racines à protéger.

CHAPITRE V.

DE LA PÉPINIÈRE.

Si, comme nous l'avons conseillé, vous greffez votre pourette à son second printemps, vous ne pourrez la mettre en pépinière qu'au commencement de son troisième, c'est-à-dire alors que les plants auront deux ans révolus. Mais alors vous l'y mettrez belle, grande, forte, vigoureuse, capable, si vous lui continuez les soins que vous ne pourriez impunément interrompre, d'en sortir après trois ans, au plus, pour aller prendre dans vos terres la place que vous lui aurez assignée.

Le sol de la pépinière (1) ne doit guère offrir aux jeunes plants qu'on lui a confiés d'autres aliments que ceux qu'il pourra se procurer après sa transplantation à demeure. Sans l'application

---

(1) La forme qu'il convient de donner à une pépinière est celle d'un carré long, dont les plus grands côtés regardent le midi et le nord. Cette forme est celle qui permet le mieux aux jeunes plants de jouir du bienfait de l'air et des douces influences du soleil.

de ce principe trop souvent méprisé, il n'est pas de belle végétation possible. Le fumier doit donc être parcimonieusement distribué dans tout terrain au-dessus du médiocre et entièrement proscrit dans les sols généreux. J'en dis autant de l'arrosage, si les sujets qu'on y élève sont destinés à des places où ils ne doivent point être arrosés, vos arbres viendront un peu plus lentement sans doute, mais ils viendront avec les qualités qui leur sont indispensables, pour répondre à vos désirs, sur un sol peu favorisé.

Je n'ai pas dit qu'il fallait arracher la pourette avec soin et de manière à lui conserver, le plus possible, ses diverses racines; mais ai-je besoin de le dire? Non, sans doute, pas plus que la manière dont il faut s'y prendre pour atteindre ce but. Votre pourette, délicatement arrachée, vous en formez votre pépinière, en laissant entre chaque plant un espace d'un mètre vingt-cinq centimètres, en tous sens, à moins que vous ne vouliez la planter en allée ; alors laissez soixante et quinze centimètres dans l'un et deux mètres dans l'autre. Ce mode, trop peu suivi, offre de grands avantages, soit pour l'arrachis des arbres, soit pour *l'utilisation* du sol pendant les deux premières années de leur plantation. Si vous voulez planter en quinconce, faites, avec le louchet, des trous bien alignés de trente-cinq centimètres de diamètre sur vingt-cinq de profondeur. Si c'est en allée, un fossé convient mieux. Je sais bien qu'on plante beaucoup plus économiquement, soit pour le terrain, soit pour le travail; mais je sais aussi qu'en agriculture il est des économies *ruineuses*. Plantez à un mètre, vous économisez votre terre, mais comment arracherez-vous vos arbres? — On les arrache bien. — Non, mal, sans racines, et de là le dépérissement ou du moins la difficulté de la reprise d'un grand nombre de plants. Votre pourette ayant la hauteur voulue pour la tige des mûriers à plein vent, gardez-vous de la couper rez-terre, comme vous le conseillent encore des écrivains distingués et qui devraient, ce semble, connaître tout le préjudice que porte à la plante cette ridicule pratique. vous ne le devez pas non plus alors que sa hauteur ne serait pas suffisante; ce que vous sacrifieriez est un à-compte qu'il serait imprudent de ne pas accepter. Avec quelque soin et un bon tuteur (1), vous pouvez lui faire produire une

---

(1) On nomme ainsi, en horticulture, un bâton placé à côté d'une plante pour empêcher qu'elle ne se courbe, et la protéger contre les vents.

tige tout aussi droite que si elle n'était que d'une seule pousse. Vous vous garderez bien, aussi, de couper ce que vos soins, dans l'arrachage, auront pu conserver de la racine pivotante : Verri vous le conseille ; mais en vous donnant un conseil tout contraire, l'abbé Rosier, le professeur Bosc et M. Boitard, vous le donnent infiniment meilleur. Couchez cette racine, mais ne la coupez pas ; elle cessera d'être pivotante, mais il vaut beaucoup mieux qu'elle ne soit qu'horizontale que de ne l'être pas du tout ; et, d'ailleurs, comme il est d'expérience qu'elle tend toujours à jouer le rôle pour lequel elle était destinée, il n'est pas rare de la voir reprendre, après avoir été couchée, la direction que lui assignait la nature, s'enfoncer profondément dans le sol et former avec le tronc une figure assez semblable à une broche.

M. Boitard prétend qu'il est quelquefois utile d'en opérer le retranchement, parce qu'il est des terrains où elle pourrait pomper de mauvais sucs, et d'autres où elle ne peut en pomper que de peu nutritifs. Ces deux assertions étant fort loin d'être prouvées, on fera bien de ne pas trop s'en occuper et d'agir comme si ce célèbre agronome n'avait jamais avancé ce dont il ne saurait être certain. Quelques agriculteurs, soumis encore aux ridicules préceptes d'une aveugle routine, sont dans le funeste usage de couper la tête aux plants de leurs pépinières, à la hauteur voulue pour la tige, dans la triple vue de les faire plus promptement grossir, de les avoir plus droits et plus proportionnés dans toute leur longueur. Atteignent-ils le premier but qu'ils se proposent? Pas mieux qu'ils n'atteindraient celui de remplir plus vite un réservoir quelconque en laissant perdre une portion de l'eau qu'ils pourraient y amener. Il est hors de doute qu'en faisant ce qu'ils font, ils retardent le *grossissement* de l'arbre bien loin de l'avancer (1). Atteignent-ils mieux les deux autres? Oui; mais on peut les atteindre d'une manière moins coûteuse et presque aussi certaine en suivant une route opposée. Ne coupez que peu à peu les brindilles qui pousseront le long de la tige de vos arbres; n'en coupez plus lorsque vous aurez atteint la hauteur que vous voulez leur don-

---

(1) A Sauve, où l'on cultive l'alizier pour en obtenir des fourches à trois becs, on empêche de grossir ceux qui ont acquis la grosseur requise en leur appliquant le principe qu'on applique au mûrier pour le faire grossir, et l'on atteint toujours le but qu'on veut atteindre, dès que l'un des trois becs a la tête coupée ou à peu près, car on laisse toujours un petit rameau, sans quoi il se dessécherait; la sève l'abandonne presque entièrement pour se porter sur ceux qui n'ont point été étêtés.

ner lors de leur plantation à demeure, et vous aurez des plants droits et bien proportionnés. M. Verri pense qu'il est nécessaire d'étêter l'arbre à sa première année et aussitôt qu'il a fait sa hauteur, afin qu'il forme sa tête dans la pépinière même. C'est un mauvais usage, d t-il, de couper la tête des arbres pour les planter à demeure ; mais s'il faut la couper pour en assurer la reprise, le procédé de cet illustre agronome triple l'inconvénient bien loin de le détruire. Ce qui rend les arbres peu droits et inégalement gros, c'est le peu de soin, ou plutôt d'intelligence, qu'on met dans le retranchement des brindilles, qui, comme je l'ai dit, doit être successif. Si vous ne les retranchez assez tôt, il grossit d'une manière inégale ; si vous en retranchez un trop grand nombre à la fois, il perd son équilibre, sa tête penche, il croit courbé. Vous éviterez ces deux défauts en vous conformant à mes préceptes.

Je ne dis rien des cultures ou façons à donner à une pépinière, chacun sait que, de même qu'une pourette, elle doit être constamment purgée d'herbes parasites, et que de fréquens binages doivent en ouvrir le sol aux influences atmosphériques.

Dans une pépinière bien conduite, il se

trouve, dès la fin de la seconde année, plusieurs plants susceptibles, par leur grosseur, d'aller prendre rang parmi les mûriers plantés à demeure; leur transplantation cette année même offre pour eux l'avantage d'une plus sûre reprise et d'un plus prompt revenu, et pour ceux qui restent, celui d'un plus grand espace à explorer, et, par conséquent, d'une plus riche végétation. Un an après ce premier arrachis, on peut en faire un second bien plus considérable, la plus grande partie aura atteint les dimensions requises, et ceux qui ne les auraient pas à la troisième année, pourront les acquérir dans le courant de la quatrième.

Ai-je besoin de dire qu'un terrain qui vient de nourrir une pépinière est peu propre à en nourrir immédiatement une autre, et que pour faire provision de nouveaux sucs nécessaires à une production de même genre, deux ou trois années de repos ou plutôt de culture différente lui sont indispensables? Je ne le pense pas.

CHAPITRE VI.

DE LA GREFFE.

La greffe est une opération que tout le monde connaît, que je m'abstiendrai par conséquent de décrire, et dont le but est de reproduire les variétés, que je ne dirai point dues au hasard, parce que le hasard, qui n'est rien, ne saurait rien produire; mais à l'inconcevable fécondité que le Seigneur a accordée à la nature, et en vertu de laquelle les graines d'un même arbre produisent une multitude d'individus semblables quant à l'espèce, mais différens par leurs qualités. Cette voie de reproduction est bien de nature à obtenir, dans l'esprit de l'homme, la préférence qu'elle y a obtenue ; elle flatte son amour-propre en lui faisant jouer un rôle important dans la production de l'un des plus admirables phénomènes que présente à nos yeux le règne végétal. Que fallait-il de plus pour lui faire abandonner tout autre moyen d'arriver au même résultat ? Mais comme il n'est rien dont il n'abuse, il abusa bientôt de la greffe. Séduit par l'apparence, il a voulu obtenir de grandes feuilles d'un sujet qui ne pouvait en nourrir que de petites, et non-seulement il a épuisé la mine qui devait successivement l'enrichir, en abrégeant de beaucoup la vie de l'arbre, mais encore il n'a obtenu de cette mine qu'une matière incomparablement moins précieuse et par conséquent peu propre à le conduire au but qu'il s'était proposé (1). Agriculteurs, n'oubliez pas que *le mieux est ennemi du bien.* Les illusions séduisent, mais n'enrichissent pas. Greffez, j'y consens; greffez, il le faut (2) ;

---

(1) La grande feuille est infiniment moins bonne que la petite ; elle est moins soyeuse et de plus difficile digestion pour les vers à soie ; aussi ceux qui n'en mangent pas d'autre ne réussissent jamais, quelque soin qu'on en ait d'ailleurs, que d'une manière médiocre. Ne donnons-nous pas une bien grande preuve de notre intelligence en forçant le mûrier qui devait donner de bonne feuille à en produire de mauvaise ?..... Il en produit d'avantage ; oui, un tiers en sus environ, mais ce surcroît balance-t-il les inconvéniens de tout genre qu'il amène à suite ? Non.

(2) J'ai déjà dit que la greffe nuisait à la longévité de l'arbre, et que la feuille du sauvageon était incontestablement la meilleure. Je n'ai pas besoin de répéter ici ce que j'ai dit ailleurs,

mais ne greffez jamais sur un sujet quelconque que des espèces analogues à sa nature ; ne greffez jamais que de feuille fine ; c'est la seule qui puisse convenir à la prospérité de l'insecte pour lequel vous voulez l'obtenir. Que les divers modes de greffage inventés par l'esprit humain puissent réussir sur le mûrier, c'est ce qui nous paraît incontestable ; nous ne parlerons toutefois que des deux qui lui conviennent le mieux et qui

que tous les mûriers sont du genre sauvageon ; que la philippine à larges feuilles n'en est qu'une variété, tout comme le rose, le moretti, et celui qui ne donne qu'une petite feuille semblable à du persil, dans ce genre qui embrasse des milliers d'espèces se trouvent donc toutes les bonnes et toutes les mauvaises. Je proscris ces dernières quelle qu'en soit l'apparence. Leur titre générique n'excite point ma compassion. Je dois ajouter que la question de la greffe a divisé les plus habiles agronomes. Duvaure, Bosc, etc., se sont déclarés contre Boitard, Rosier, Verri, Bonafous, etc., en prêchent la nécessité. Je me range à l'avis de ces derniers, à condition qu'on ne greffera que de bonnes espèces, fines, soyeuses, peu chargées de mûres, agréables aux vers, de facile digestion. N'oubliez pas, en greffant, qu'il faut pour la prospérité de l'arbre, qu'il y ait le plus d'analogie possible entre le tissu ligneux de la greffe et celui du sujet qui doit l'alimenter, par conséquent dans les qualités de leur feuillage. Si vous greffez une feuille large, forte, épaisse sur une tige qui n'en portait auparavant que de petite, mince, fine, vous rompez l'équilibre entre la tête et les racines, et vous ouvrez la porte aux plus cruelles maladies. Il est de fait que le champignon mucor attaque de préférence les sujets sur lesquels cet équilibre a été rompu.

sont à peu près les seuls usités pour cet arbre : la greffe en flûte et celle en écusson.

La première, la plus généralement adoptée, consiste à prendre d'une pousse ou scion d'un an, coupé au moment où le bourgeon commence à se gonfler, sur l'arbre dont on veut multiplier l'espèce et conservé dans du sable bien sec jusqu'à-celui où l'on n'a plus à craindre 'effet des gelées (1), une petit tuyau ayant un œil ou bourgeon qu'on détache en le faisant tourner dans les doigts, et qu'on place sur une pousse de même grosseur, dépouillée de son écorce, de manière qu'il s'adapte bien au bois et que la sève que lui transmettront les racines du sujet puisse exercer son influence sur le bourgeon dont il est pourvu. Quelques personnes ne détachent le petit tuyau qu'au fur et à mesure que la place qui doit le recevoir est préparée. D'autres, au contraire, en portent un grand nombre de divers calibres dans un vase quelconque, recouverts d'un linge mouillé afin

---

(1) Il y a plusieurs manières de conserver l'espèce que l'on doit couper avant que les bourgeons soient gonflés ; les uns la tiennent sans autre précaution dans des caves ou des grottes bien fraîches ; les autres l'enterrent à des expositions au nord. La meilleure est celle que nous prescrivons : du sable bien sec dans lequel on l'enterre.

d'en prévenir la trop prompte dessiccation. Ce procédé, qui hâte l'opération sans lui nuire, ne doit pas être négligé, non plus que la précaution quelquefois inutile, mais jamais nuisible, de racler un peu le bois qui domine le tuyau, afin d'arrêter l'épanchement de la sève et de le soustraire aux influences de l'air. Un beau jour peut être considéré comme un puissant élément de réussite ; la pluie et le vent dont les effets lui sont éminemment contraires, doivent être soigneusement évités ; les plus minutieuses précautions ne sauraient neutraliser leur désastreuse influence.

La greffe en écusson, qu'on n'emploie guère que pour des sujets trop forts pour recevoir la greffe à flûte (1), s'opère en plaçant avec dextérité une portion de jeune écorce, munie d'un bon œil sur le bois du sujet à greffer, après l'avoir mis à nu au moyen d'une incision dont la figure est généralement celle d'un T. Recou-

---

(1) On ferait cependant fort bien de greffer ainsi à l'œil dormant, du 10 au 20 septembre, les sujets plantés en novembre ou en mars. Les boutons qui prennent sans pousser, parce qu'on ne retranche rien des scions qui les reçoivent, poussent avec beaucoup de force dès qu'ils sont à peu près seuls à recevoir la sève printanière. Il va s'en dire que vers la fin de février on coupe le sujet un peu au-dessus de la greffe, et qu'on le dépouille entièrement de toutes les brindilles non greffées.

vrir la greffe avec l'écorce du sujet greffé, ramenée à la place qu'elle occupait avant cette opération, et la fixer par une ligature quelconque, de manière qu'elle soit à l'abri des influences atmosphériques et que son bourgeon y soit seul exposé, sont des précautions indispensables à la réussite et qu'on ne négligerait pas impunément.

Quelques agriculteurs préfèrent la greffe de la seconde sève à celle de la première; je suis loin d'être de leur avis, et l'expérience m'a souvent démontré combien j'avais raison d'être d'un avis contraire. D'abord la pousse n'ayant pas le temps de *s'aoûter*, les gelées automnales en font périr une grande partie, ensuite c'est forcer un jeune arbre à rester longtemps sans feuilles, c'est-à-dire sans organes respiratoires, au moment où, la sève, arrivant avec affluence, il en aurait le plus grand besoin. Eh! qui n'a pas vu de jeunes mûriers sur qui la greffe de la *Madeleine* n'avait pas réussi, mener pendant plusieurs années une vie languissante quand ils échappaient à la mort qu'entraîne si souvent une telle secousse? D'ailleurs, quels avantages présente cette greffe pour balancer les inconvéniens qu'elle traine à sa suite? Que risque-t-on de greffer au printemps? Si l'on réussit, c'est bien; sinon, l'on a la ressource de la madeleine. Mais je ne conseille à personne de profiter dans aucun cas de cette funeste ressource; attendre à l'an d'après est le conseil que donne la prudence.

Il existe des greffoirs de plusieurs formes. M. *Madiot* en a, dit-il, inventé un avec lequel trois personnes peuvent greffer de mille neuf cent à deux mille mûriers par jour. Je n'ai jamais vu ce merveilleux instrument; mais s'il mérite la réputation qu'on a voulu lui faire, il peut nous fournir le moyen d'attendre sans trop d'impatience qu'on invente quelque chose de mieux. Je ne dis rien des précautions qui tendent à garantir les greffes de de la voracité de certains animaux sous la dent desquels elles pourraient périr. Décrire ces moyens protecteurs, comme l'ont fait la plupart de ceux qui ont traité avant moi le sujet que je traite, ne me semble pas seulement une prolixité inutile, c'est encore, à mon avis, une insulte au bon sens des lecteurs.

Cette opération terminée, il reste à en surveiller le succès. Les bourgeons du sujet doivent naturellement pousser un peu plus tôt que celui qu'on veut leur substituer; quelques cultivateurs, pour forcer la sève à prendre la direction du bourgeon franc, abattent tous les autres dès qu'ils se développent ; une pareille mesure est nuisible, bien loin d'être protectrice. Craint-on que les racines qui, quelques jours auparavant, nourrissaient une tête considérable, ne puissent pas nourrir, sans nuire à la greffe, quelques brins de sauvageon? Sachez qu'il est d'expérience que la suppression de ces brins peut arrêter l'ascension de la sève et causer la mort de la pousse qu'on prétend faire mieux végéter. Il faut, si la greffe est faible, languissante, couper avec l'ongle l'extrémité des sauvageons, mais ne les abattre que quand elle aura acquis un assez grand degré de force ; alors leur suppression est indispensable.

CHAPITRE VII.

DE LA PLANTATION DES MURIERS A DEMEURE ET DE LEUR CULTURE PENDANT LE TROISIÈME AGE.

Le mûrier n'étant cultivé que pour sa feuille, on ne doit pas seulement exiger du sol auquel on le confie qu'il puisse lui fournir les moyens de se développer, mais encore qu'il communique à son feuillage les qualités nécessaires à la réussite de l'insecte fileur. Sans doute le suc muco-résineux, principe de la soie, est inhérent à la feuille de ce précieux végétal ; mais il y existe, dans des proportions si différentes, selon les lieux où il croît, que nous croyons devoir indiquer ici ceux où sa culture est la plus avantageuse et ceux où il pourrait être infructueusement cultivé. Ces deux jalons doivent suffire pour diriger tout agriculteur intelligent.

Le mûrier prospère bien et produit un excel-cellent feuillage sur le penchant des collines exposées au levant ou au midi, surtout si le terrain en est substantiel, légèrement humide et assez perméable. Si les deux premières de ces conditions ne se trouvent pas remplies, il y végète avec moins de vigueur ; mais alors son produit est d'une qualité supérieure. Il redoute les terrains gypseux, et prospère moins encore dans ceux où l'argile domine; ces derniers, trop compactes, ne laissent pas un assez facile passage à ses racines quand ils ne sont pas arrosés, et, quand ils le sont, les pourrissent par la faculté qu'ils possèdent de retenir longtemps l'eau qu'ils ont reçue. Le même danger doit nous porter à éloigner cet arbre des endroits marécageux, où il ne produirait d'ailleurs qu'une feuille fort indigeste et peu soyeuse. J'en dis autant de ceux qui, plantés trop près des côtes de la mer, en recevraient les émanations salines. Entre ces extrêmes se trouvent une foule de terrains plus ou moins avantageux à sa culture, selon qu'ils s'éloignent ou se rapprochent de ceux que nous venons de signaler.

Un sol riche, gras et aqueux, un sol perméable où les racines puissent facilement s'étendre, une plaine abritée contre les vents du nord par de hautes montagnes, tel est l'Eden du précieux végétal dont nous voudrions encourager la culture. Là, l'œil se repose avec délices sur une végétation de luxe. Mais tenez-vous en garde contre une trop naturelle illusion. Là, la *bonté* de la feuille est loin de répondre à la beauté de l'arbre qui s'en revêt avec tant de magnificence. Les terres calcaires et sablonneuses sont toujours celles où le mûrier produit le feuillage le plus propre à répondre à sa destination, telles doivent être celles où nous devons le placer de préférence.

Le mûrier à plein vent se plante en cordon, comme bordure; en allée, comme avenue; ou bien en mûreraie. Sa tige ne doit jamais avoir que la hauteur nécessaire pour que sa tête puisse être à l'abri du gros bétail et son pied cultivé sans peine au moyen de la charrue; pour cela, 1 mètre 65 centimètres suffisent. Ces diverses façons de planter ont chacune des règles particulières pour l'espace à donner aux plants; pour tout le reste, les principes à suivre dans leur plantation sont exactement les mêmes. Ainsi, il est important pour toutes qu'elles se fassent plutôt en novembre qu'en mars, dans des trous de 2 mètres en tous sens, et de 55 à 60 centimètres au moins de profondeur, creusés depuis cinq ou six mois, afin que le fond, de même que la terre qu'on en a extraite, aient été fécondés par les influences atmosphériques. Pour toutes, on doit apporter la plus grande attention à mettre au fond des trous et autour des diverses racines soigneusement placées dans leur direction naturelle, une bonne couche de terre végétale. Pour toutes, on doit retrancher tout ce qu'il y a d'offensé dans les racines et laisser au pivot la plus grande longueur possible, si le terrain peut permettre de vaincre l'inconvénient qui en résulte, en lui faisant sa place au moyen d'une grosse cheville. Pour toutes, on doit faire attention à ne pas mettre le fumier immédiatement au-dessus des racines, parce qu'il pourrait les dessécher et les pourrir. Pour toutes, on devrait suivre le précepte de nos vieux agronomes, c'est-à-dire remplir le trou de broussailles, de genêt, de thym, de lavande, etc. Cette précaution, qui, à l'avantage d'améliorer le sol, joint celui de l'ameublir, produirait partout les heureux effets qu'elle produit dans les Cevennes et dans les cantons d'Italie où elle est adoptée. Quelle que soit la nature du terrain, gardez-vous de planter trop profondément. On plante bas pour soustraire les arbres aux effets de la sécheresse ;

mais qui ne sait qu'elle se prolonge bien plus longtemps dans les couches inférieures ? Donnez-leur de fréquens labours ; purgez-les de tout ce qui pourrait disputer à leurs racines l'humidité du sol, et ne craignez pas la sécheresse. N'oubliez pas que la terre végétale se trouve à la surface ; que c'est la surface qui reçoit les engrais, les influences atmosphériques, l'effet des météores aqueux. L'arbre planté au-dessous de cette couche tend à y projeter ses racines ; mais, dans ce cas, sa sève est contrariée et il languit. Les fruitiers plantés trop bas donnent rarement du fruit et n'en donnent jamais que quand leurs racines sont venues pomper dans la couche supérieure les sucs nécessaires à la fructification. Il faut pourtant que les cultures puissent être faites sans gêne ni dommage ; que le soc n'atteigne jamais les racines principales ; pour cela 50 centimètres sont toujours suffisans.

Voilà ce qu'ont de commun ces trois sortes de plantations ; voyons ce qu'elles ont de différent quant à l'espace par lequel les plants doivent être séparés. On concevra sans peine que la qualité de terrain doit apporter à cet espace de grandes modifications. S'il est substantiel et humide, il sera plus favorable à la végétation que s'il était maigre et aride; dans ce cas, il faut laisser entre deux individus destinés à devenir plus grands, un plus grand intervalle, 8 mètres sont indispensables dans le premier de ces sols pour une plantation en mûreraie, tandis que 6 dans le second sont plus que suffisans (1).

Si vous plantez en bordure, la distance à observer peut être de beaucoup moindre, parce que si, d'un côté, les branches et les racines n'ont qu'un petit espace à leur disposition, de l'autre, ils en ont un infiniment plus considérable que dans une mûreraie. Pour la plantation en avenue, qui tient le milieu entre les deux autres, on doit avoir égard à la dépense de sucs nécessaires à une double ligne et combiner la distance qui doit les séparer avec celle des individus qui les composent; l'une doit toujours être en raison inverse de l'autre.

Défoncez à un mètre le terrain sur lequel vous

---

(1) Les proportions que je donne ici sont celles qu'ont données les plus habiles agronomes, et toutefois ce n'est pas sans scrupule que je me suis déterminé à répéter un précepte qui ne semble avoir pour tout fondement qu'une grossière erreur. En effet, plus le sol est maigre et moins il faudrait d'agens pour l'explorer, ce serait le moyen de les faire grandir davantage et vivre plus longtemps. — N'est-il pas évident que moins une table est garnie moins les commensaux doivent être nombreux?

voulez faire une plantation de mûriers, à moins qu'il ne soit, par sa nature, léger et perméable ; dans ce cas, une pareille opération, dont l'unique but est de faciliter le percement des racines, est entièrement inutile. Une précaution qu'on n'observe guère, qui paraîtra peut-être ridicule à certains propriétaires, plus frondeurs que réfléchis, et qui peut avoir la plus grande influence sur le succès de nos plantations, est celle qui a pour objet de conserver à l'arbre la même situation polaire sous laquelle il a végété ; précaution qu'on remplit sans peine en marquant, avant de l'arracher de la pépinière, celui de ses côtés qui correspond au nord. Rien de plus facile, lors de sa transplantation, que de tourner le côté marqué vers le point dont il porte la marque. Eh ! qui pourrait douter que le brusque changement de position, le passage subit d'une exposition favorable à une exposition contraire, la rupture totale d'une habitude contractée, et, qui plus est, l'obligation d'en contracter une autre entièrement opposée, ne puisse nuire à l'individu qui y est forcément soumis ? Et comment éviterez-vous cet inconvénient, cette cause de non-réussite, insouciants agriculteurs qui vous reposez sur d'avides pépiniéristes du soin de faire croître les plants dont vous devez peupler vos terres? Comment saurez-vous, en achetant vos arbres au marché, quel est celui de leurs côtés qui peut sans péril envisager le glacial aquilon? Comment le distinguerez-vous au simple aspect de celui qui ne saurait abandonner impunément le doux regard du midi? Et ce n'est pas le seul danger auquel vous vous exposez en négligeant de faire vous-mêmes vos pourrettes. Les pépiniéristes plantent trop épais dans des sols qu'ils fument beaucoup et arrosent de même ; et que de causes de non-réussite! Comment conserver de longues racines à des plants séparés tout au plus par un mètre de distance? Comment attendre une belle venue dans des terres arides et peu profondes, de sujets élevés dans des sols riches et qu'enrichissaient encore de puissans excitatifs et de fréquens arrosages? Ah! souvenez-vous que votre intérêt vous prescrit ce que je vous conseille ; élevez vous-mêmes dans vos terres les mûriers que vous voudrez y planter : alors vous n'aurez pas la douleur d'y voir tant de sujets chétifs, rabougris, languissans, surtout si vous avez l'attention de les cultiver comme ils le méritent et comme leur prospérité l'exige.

Quelques auteurs ont prescrit de revêtir de paille, de joncs, de genêts, etc., la tige des jeunes plants. A-t-on voulu les garantir de la rigueur du froid ou de l'ardeur du soleil? Si l'on a soin de les placer dans la situation polaire qu'ils avaient habituée, cette précaution est inutile quel que soit celui de ces motifs qui l'ait dictée. On pourrait même, dans tous les cas, la regarder comme funeste, attendu qu'elle prive la plante du contact de la lumière et de celui de l'air, indispensables l'un et l'autre à sa prospérité. Si vous avez à les défendre contre la dent des animaux, garnissez-les d'un panier large et largement tressé, pour qu'ils n'aient point à souffrir de l'inconvénient que je signale.

Le mûrier est un arbre exigeant, mais qui n'est jamais ingrat; travaillez-le et il ne tardera pas à vous récompenser de vos peines. Durant son troisième âge (1), c'est-à-dire depuis l'année de sa transplantation jusqu'à celle où il peut être effeuillé, et qui ne doit être que la cinquième, à partir de cette époque, le mûrier

(1) On est convenu de diviser en cinq âges la vie du mûrier. Le premier comprend la période qui s'écoule depuis sa naissance jusqu'à sa transplantation en pépinière; le second, celle du séjour qu'il y fait; le troisième, les cinq premières années qui suivent sa transplantation à demeure; le quatrième, le temps qui sépare cette cinquième année de celle où il commence à dépérir; et le dernier celui qui existe entre ce premier signe de déclin et sa mort absolue.

doit recevoir annuellement quatre cultures : une bonne *œuvre*, une *façon* profonde et trois binages. Plus le terrain est aride et plus les cultures doivent être fréquentes ; la terre, purgée d'herbes, remuée, émiettée, conserve beaucoup mieux sa fraîcheur et est mieux disposée à recevoir celle de l'atmosphère. Or, chacun sait combien l'humidité est favorable à la végétation des plantes. N'oubliez donc pas d'appliquer à vos mûriers l'*arare* de *Caton*, ô vous qui ne manquez ni de bœufs ni de charrues, et ne bornez point à quatre les labours que vous leur devez. Souvenez-vous qu'un témoin bien digne de foi, M. l'abbé de Sauvages, assure avoir vu dans l'Angoûmois des cultivateurs suppléer avantageusement au fumier et aux irrigations nécessaires au maïs par de fréquens binages ; que l'herbe ne croisse donc jamais à l'ombre de vos arbres, que l'appât d'un gain illusoire ne vous porte jamais à en ensemencer le dessous : travaillez-les souvent, soignez-les avez zèle, et quoique vous n'en soyez pas immédiatement récompensés, ne vous découragez point. Si nous vous demandons pour eux un terme de six ans, c'est parce que nous désirons qu'ils puissent vous récompenser d'une manière plus généreuse et pendant plus longtemps. Dans leur quatrième âge, c'est-à-dire dans leur période d'accroissement et de station, les mûriers qui recevraient avec avantage la même culture que nécessite leur troisième, peuvent se contenter d'un peu moins ; toutefois, je vous le dis encore, n'oubliez pas que, reconnaissant et loyal par nature, il vous paiera généreusement tout ce que vous ferez pour lui.

CHAPITRE VIII.

PLANTATION DE MURIERS NAINS EN HAIE
ET EN QUINCONCE.

Les mûriers, trop chétifs, trop rabougris, trop minces pour être avantageusement plantés comme arbre à plein vent, peuvent l'être comme nains avec grand avantage. Sans doute ils réussissent moins bien que ne le feraient des sujets de plus belle venue ; mais ils réussissent, et c'en est assez pour qu'on n'en néglige pas la culture, je dirai même pour qu'on ne la restreigne plus à des plants si peu favorables, si peu propres à faire ressortir toute l'utilité de ce genre de plantation.

Les nains n'ont pas eu l'avantage d'être loués par tout le monde ; mais quel est l'être sous le ciel qui n'ait pas eu ses détracteurs ? M. Bosc, qui n'est pas de leurs amis, dit que, n'étant pas nain par nature, le mûrier qu'on élève ainsi doit nécessairement produire un feuillage grossier et pauvre en élémens soyeux, par la raison qu'il est plus exposé aux émanations humides de la terre, et que la sève qui le produit, n'ayant qu'un court espace à parcourir, doit être plus mal élaborée ; il ajoute que plantés à une moindre distance, les mûriers nains périssent beaucoup plus tôt que ceux de haute tige. Ces reproches que leur adresse également un habile agriculteur d'Alais, leur sont dus en partie ; mais doivent-ils nous y faire renoncer ? Je ne le pense pas. Sans doute, taillés comme on les taille trop généralement, et comme le prescrit l'illustre professeur dont nous avons rapporté l'opinion, ils ne produisent et ne peuvent produire qu'une feuille grossière, de difficile digestion et fort peu convenable au faible estomac de l'insecte auquel on la destine; mais est-on obligé de les tailler en *têtard* comme le prescrit M. Bosc ? Je ne le pense pas. J'en ai une assez grande quantité qui me produisent de très-bonne feuille et en grande abondance, parce que j'ai osé m'affranchir du joug de la routine, et que je n'en retranche que ce qui ne peut rien produire et ce qui mettrait obstacle à la cueillette de leur produit. Sont-ils moins exposés que ceux de mes voisins aux émanations humides de la terre? leur sève s'élabore-t-elle mieux? C'est possible; leur tige est peu haute, mais leurs branches sont fort multipliées et je ne permets pas qu'on les ravale alors même qu'elles dépassent la modeste mesure de six pieds qu'assignent à celles de ces arbres la plupart des auteurs. Ils meurent plus tôt, c'est naturel; plus épais, ils ont plus tôt épuisé la richesse du sol qui devait les faire vivre; mais qu'importe, s'il vous ont donné avant leur mort tout ce que vous pouviez raisonnablement attendre de la place qu'ils occupaient pendant leur vie? Qu'il soit avantageux de réaliser en trente ans tout ce qu'un champ est susceptible de produire en soixante, c'est ce que le plus mince bon sens suffit pour décider; dans ce cas, on ne jouit pas seulement de tout le capital trente ans plus tôt qu'on ne l'eût fait, on jouit encore du champ qui l'a produit et qui peut, durant cette période, en produire encore une autre plus ou moins considérable. Ne craignez donc pas de planter des mûriers nains, à moins que vous ne craigniez d'augmenter trop rapidement le patrimoine de vos pères. Ces plantations vous donneront, étendue égale, beaucoup plus de produit que celles à plein vent.

Je ne parle pas des mi-tiges. Je n'admets pas cette subdivision. Pour moi, tout ce qui n'est pas haute tige est nain, et tout nain doit, à mon avis, avoir sa tête entre cinq et dix décimètres du sol. Au lieu donc de borner votre héritage et de clore vos champs avec des buissons, qui en dévorent la substance à pure perte, closez-les avec des mûriers nains qui vous défendront tout aussi bien, et vous donneront de plus un produit assuré.

Les champs plantés en nains ne peuvent être cultivés qu'à bras, et cette culture est coûteuse; mais la dépense qu'on fait en plus pour le travail du pied est compensée par l'économie qui résulte de la facilité avec laquelle on peut en dépouiller la tête. Les terres les plus arides produisent, par la culture des mûriers nains, ce que peuvent produire des prairies arrosables.

L'espace nécessaire aux nains que l'on plante en quinconce varie depuis 2 à 3 mètres. Ceux qu'on met en haie n'ont pas besoin d'être si espacés; la fertilité du sol est, à cet égard, le meilleur guide à suivre. Les soins à donner à leur plantation sont exactement les mêmes que ceux que nous avons prescrits pour les mûriers de haute tige; seulement je crois qu'au lieu de trous, il convient, pour des nains, d'ouvrir une tranchée. Quant à la taille, à la greffe, aux cultures des mûreraies de ce genre, n'oubliez pas que les nains ne diffèrent des autres mûriers que par la taille, et que si, comme eux, ils sont reconnaissans, leur gratitude ne s'exerce jamais qu'envers ceux qui les soignent.

CHAPITRE IX.

DE LA FEUILLE ET DE SA CUEILLETTE
OU DE L'ÉBOURGEONNEMENT.

Ne vous attendez pas, cher lecteur, à trouver dans ce chapitre des procédés nouveaux et qui puissent vous épargner la peine inhérente à l'opération qui en fait le sujet ; mais si, à cet égard, je n'ai rien à vous dire de neuf, je saurai du moins rester dans le silence. Je n'insulterai point à votre bon sens, comme l'ont fait quelques agronomes, en vous disant qu'il est plus avantageux à l'arbre de le dépouiller de ses feuilles en commençant par le fond de la pousse et tirant vers sa cime, que de commencer vers sa cime et de tirer vers son fond ; qu'en vous y prenant de cette dernière façon, vous écorceriez les jets, ce que vous devez avoir soin de ne pas faire pour ne pas nuire à la ré=

colte suivante ; qu'il faut une échelle-brouette pour cueillir la feuille des jeunes mûriers, afin de ne pas leur donner une secousse qu'ils ne sauraient supporter sans dommage, et mille nouveautés du même genre, incapables de payer en instruction la millième partie du temps qu'il faut perdre pour en faire lecture. Qui peut ignorer que toutes les déchirures que l'on fait à un mûrier en altèrent la vigueur, nuisent à sa prospérité et appauvrissent la récolte suivante de tous les bourgeons enlevés? Qui ne sait que l'échelle-brouette, dont on a tant prôné l'usage, n'est, en définitive, pour tout ce qui a rapport à l'ébourgeonnement, qu'une échelle double, connue dans plusieurs contrées sous le nom de *chèvre*, et qui, par l'élargissement de sa base, peut se passer de point d'appui pour son sommet, et permettre ainsi de cueillir les feuilles d'un mûrier sans en fatiguer la tige ? Si je n'avais eu que cela à dire, je n'aurais certainement pas fait un chapitre de l'ébourgeonnement, mais j'ai à vous parler de choses plus essentielles et moins connues. Les feuilles sont aux arbres ce que les poumons sont aux animaux, leurs organes respiratoires ; les en dépouiller, c'est donc les soumettre à une opération fort cruelle et extrêmement dangereuse (1), qui doit, par cela même, avoir des conséquences plus ou moins funestes. Le mûrier la supporte plusieurs années de suite ; mais, de ce qu'il n'en périt pas immédiatement, il n'en faut pas conclure qu'il n'en éprouve aucun dommage, et qu'il est constitué de telle sorte que son premier feuillage est pour lui une parure incommode, dont il demande à être annuellement dépouillé. Non ; aussi est-il certain que la plupart de ses maladies proviennent de cette opération à laquelle notre intérêt l'a condamné. Les meilleurs agronomes, dans la vue d'adoucir son triste sort et de prolonger son existence, conseillent de ne cueillir que tous les deux ans (2). Notre avarice nous fait fermer l'oreille à ce prudent conseil ; mais si nous ne sommes point assez sages, je devrais peut-être dire assez riches, pour nous y conformer, soyons du moins assez prudens pour ne pas imiter ces cultivateurs qui, croyant rendre service à leurs mûriers, les dépouillent de leurs feuilles alors

---

(1) Le mûrier est le seul végétal qui puisse résister longuement à la cueillette annuelle de sa feuille : un chêne, quelque vigoureux qu'il fût, succomberait avant cinq ans à cette opération. Admirons la bonté de Dieu ! et bénissons-le sans cesse de ce que tout dans la nature se rapporte à notre bonheur.

(2) *Voyez* au chapitre *Taille du Mûrier*, la note relative au système d'assolement appliqué aux mûreraies.

qu'ils n'ont pu ni les faire manger à leur chambrée, ni les vendre pour celle des autres, de crainte qu'elles ne nuisent à leur prospérité. Quelle ignorance! Et ce ne sont pas seulement quelques misérables fermiers qui obéissent à cette funeste erreur; elle domine encore bien de grands propriétaires. Gardez-vous aussi de faire la guerre à vos *cueilleurs*, parce qu'ils n'ont pas arraché de vos arbres jusqu'à leurs moindres feuilles; de cette prétendue perte doit résulter un profit réel : plus on aura laissé de ces feuilles éparses, qu'on nomme en divers endroits *papillons*, moins on aura fait éprouver du mal à l'arbre; mieux il respirera, plus tôt il sera revêtu de sa nouvelle robe, plus il poussera de bois et plus il rendra de feuilles à la récolte suivante.

Ce serait ici le lieu de faire connaître combien est important le rôle que le Créateur a assigné aux feuilles; ce serait ici le moment de parler de la faculté qu'elles possèdent de pomper dans l'atmosphère les principes essentiels à la prospérité de la plante; c'est ici qu'il faudrait décrire cet admirable échange de sucs qui a constamment lieu entre elles et les racines; ces poils, vrais radicelles aériennes, dont elles sont couvertes, cette multitude de pores qui les criblent, cet admirable mécanisme au moyen duquel elles peuvent, au contact de la lumière, fixer le carbone de l'air qu'elles ont absorbé et se débarrasser de l'oxigène qui leur serait inutile. Mais pourquoi parlerais-je de tout cela? Est-ce à des savans que je m'adresse? Non; c'est à des cultivateurs, et mon livre, pour être plus profond, ne leur serait pas plus utile. On peut parfaitement cultiver les mûriers sans en connaître la structure, et montrer le moyen d'en obtenir le plus grand revenu possible est l'unique but que je me suis proposé.

Laisser sur tout le pourtour du mûrier quelques rameaux sans les dépouiller, est une précaution qui peut avoir les plus heureux résultats; l'action de leurs feuilles entretient la circulation du fluide séveux, prévient la suffocation de l'arbre, empêche l'engorgement de la sève, qui résulte si souvent de la cueillette, et par là le met à l'abri des maladies dont ces tristes effets deviennent eux-mêmes causes et qui font de si grands ravages dans nos plus belles plantations. Ces pousses, non dépouillées d'abord, pourraient l'être aussitôt que les nouvelles feuilles, dont elles contribueraient à hâter le développement, rendraient leur secours moins nécessaire; en sorte que leur feuillage, que je crois devoir être d'un vingtième, pouvant être utilisé jusqu'après la troisième mue des vers à soie (1), la perte serait bien peu considérable l'année où l'on se déciderait à faire cet utile sacrifice, et, les suivantes, elle serait moins que nulle, puisqu'il est certain que l'existence de ces petits rameaux forcerait l'arbre à se couvrir beaucoup plus tôt qu'il ne l'eût fait de ses nouvelles feuilles; que ses pousses seraient plus longues et par conséquent sa dépouille plus riche. L'abandon que je prescris, pour un mûrier de deux quintaux, serait donc plutôt un bénéfice de vingt livres qu'une perte de dix.

La cueillette pendant la pluie nuit beaucoup aux mûriers, et cependant il faut qu'elle s'opère quand le besoin l'exige. La santé de vos arbres, non moins que celle de vos vers à soie, vous prescrit donc ce que je vous conseille (1), d'avoir de vastes magasins pour y faire, pen-

---

(1) Il est d'expérience qu'un arbre que l'on ne taille que comme je le prescris et auquel on laisse quelques feuilles ou mieux encore quelques rameaux distribués sur tout son pourtour, est recouvert de nouvelles feuilles plus de quinze jours avant celui qu'on taille selon la méthode des basses Cevennes. Dans douze ou quinze jours au plus, on pourrait couper ces rameaux auxiliaires.

(1) Voyez *Guide du Magnanier*, chapitre *des Magnaneries et des Ramiers*.

dant le beau temps, une ample provision de feuille, indispensable durant la pluie. Quelques personnes, dans cette fâcheuse conjoncture, secouent leurs mûriers pour en sécher le feuillage : c'est leur faire un très-grand mal, qui devient moindre si l'on se borne à en agiter les branches au moyen d'un crochet. J'ai déjà dit que les jeunes mûriers ne peuvent point être effeuillés sans inconvénient avant leur sixième année, à partir de leur plantation à demeure, et, je le répète ici, tellement je regarde cette précaution nécessaire. Souvenez-vous donc que votre cupidité vous donne un conseil bien funeste, lorsqu'elle vous engage à ne pas sacrifier le produit de vos jeunes plants; que le suivre c'est compromettre vos intérêts en compromettant l'avenir de vos arbres (1).

(1) Les mûriers que l'on voit sur divers points de notre patrie et qu'on appelle *de la prime* ou *de l'ordonnance*, ne doivent pas seulement leur longue existence à la qualité de leur feuillage ; l'oubli dans lequel ils sont restés durant leurs premières années doit y avoir puissamment contribué. M. Olivier de Serres en planta à Villeneuve-de-Berg, sa patrie, en 1600, et plusieurs d'entre eux vivent encore, parce qu'on resta plus de 20 ans sans cueillir la feuille.

CHAPITRE X.

TAILLE, ÉLAGAGE, ÉMONDAGE DES MURIERS.

Me voici parvenu à la partie tout à la fois la plus importante et la plus pénible de ma tâche ; tout ce que j'ai dit jusqu'ici se rapproche plus ou moins de la routine que suivent mes compatriotes; ce que j'ai à dire y est tellement contraire, qu'ils doivent naturellement en être révoltés. Que l'*utile dulci* doive se rencontrer même en agriculture, je suis loin de le contester ; mais, qu'infidèle aux préceptes d'Horace, l'agriculteur immole l'*utile* à l'*agréable*, c'est ce que la raison ne saurait approuver, et c'est là néanmoins ce qu'ils font dans mon pays à l'égard du riche végétal dont l'utilité est le plus incontestable ; non, sans doute, de propos arrêté et dans le but de diminuer leurs revenus, je ne leur refuse ni le bon sens ni l'amour des écus, mais par pure ignorance. J'aime bien, moi, qu'un mûrier ait une belle apparence, une forme agréable, mais j'aime que cette forme ne soit pas trop chèrement achetée, que cette apparence ne soit point trompeuse ; j'aime qu'il produise tout ce qu'il est susceptible de produire et qu'il le produise longtemps.

Est-ce à l'homme à déterminer la forme qui convient le mieux à un végétal? Non, c'est à la nature. Moins nous nous écartons, dans la culture d'un arbre, des règles qu'elle prescrit, et plus nous nous approchons de l'état que sa prospérité réclame. Voulez-vous donc savoir quelle est celle qui contrarie le moins vos mûriers? Faites-en venir un, en toute liberté, dans un terrain favorable et dont les sucs ne lui soient pas disputés par des individus de même espèce ; faites-le venir de graine, car, la transplantation n'étant pas naturelle, en contrarierait plus ou moins le développement, et vous le verrez croître avec vigueur; vous verrez sa branche-mère prendre une direction verticale, et ses autres former, avec elle, des angles d'abord assez aigus, mais qui le deviendront toujours moins à mesure qu'il s'approchera de sa virilité. D'où peut donc être venue la coutume de les tailler en calice?... Est-elle autorisée par la nature? J'en appelle à vos yeux : contemplez-en le type. Provient-elle de la nécessité d'en cueillir aisément le feuillage? J'en appelle au même tribunal. N'est-il pas plus aisé d'opérer cette cueillette sur un arbre qui, respecté par la main de l'homme, se charge lui-même de fournir l'échelle et les points d'appui nécessaires aux *cueilleurs*, que sur celui qui, mutilé par la serpe, a été contraint de prendre une direction contraire à sa nature, et dont le bois, criblé de cicatrices, est infiniment cassant, quand il n'est pas pourri? Sans doute c'est bien pour mettre l'arbre à sa portée que l'homme le mutile ainsi (1); mais, cette nécessité admise, ne pourrait-on pas se conduire avec plus de raison?... Si vous n'arrêtez pas votre arbre, il s'étendra outre mesure. Eh bien! arrêtez-le, j'y consens, arrêtez-le, il

(1) Il veut encore en obtenir un plus grand produit. *Voyez* la note suivante ; mais quelle erreur! Sans doute, en forçant la sève à passer par de rares canaux, en taillant à 12 centimètres, à deux ou trois yeux, comme le conseillent quelques auteurs, et comme le pratiquent trop de propriétaires, on obtient des pousses beaucoup plus fortes, plus grandes, une feuille plus développée que par le procédé que je propose ; le mûrier semble plus vigoureux. C'est une pure illusion qui ne devrait pas séduire des hommes de bon sens. Les pièces de 20 sous sont moindres que les écus de 5 francs, et, néanmoins, j'aime mieux 50 de celles-là que 4 de ceux-ci.

le faut. Ses branches-mères doivent grossir progressivement, à mesure qu'il se développe, de manière à acquérir assez de force pour porter le *cueilleur* sans faire l'effet du balancier; mais ne le mutilez pas. Il s'étendra. Soit, je veux qu'il s'étende, j'aurai des saules qui s'étendront encore davantage, et, avec eux, des échelles qui me fourniront le moyen de m'approprier le produit de ses plus grandes extrémités latérales; quant à celui de son sommet, l'arbre même, toujours flexible quant il n'est pas mutilé, se chargera de me fournir celle dont j'aurai besoin pour le cueillir.

Mais qui pourra pénétrer dans vos arbres si vous ne les taillez jamais? Entre ne les taillez jamais et les tailler comme on le fait dans les basses Cevennes, il y a un vaste milieu dans lequel mon expérience m'a placé. La raison me disait que je devais rendre mes mûriers *cueillables*, mais elle me disait aussi que je devais combiner cette nécessité avec les conditions sous lesquelles ils prospèrent le plus; et cette combinaison m'a conduit à l'émondage, que je propose de substituer à la taille si meurtrière que l'illusion a fait admettre et qu'elle seule peut protéger (1).

(1) Dire que les mûriers taillés produisent plus de feuille, c'est avancer une erreur matérielle que l'expérience se charge annuel-

Pour les nombreux pays où cette funeste pratique n'a pas encore pénétré, je n'ai pas besoin de dire en quoi elle consiste et ils n'ont nul besoin de le savoir, et pour ceux où elle exerce ses ravages, je le dirai à pure perte, chacun le sait parfaitement.

J'appelle *émondage*, non l'opération qui a pour objet d'arrondir nos mûriers, de les tailler en vase, de supprimer annuellement les dix-neuf vingtièmes de leurs pousses annuelles, afin d'en obtenir une plus grande quantité de feuille; mais celle qui, ayant pour but d'en faciliter la cueillette, consiste à ne retrancher du précieux végétal qui la produit, que les branches mutilées, mi-coupées ou tordues en l'opérant, les chicots, le bois mort, les branches trop faibles, celles qui se croisent, les gourmands, en un mot, tout ce qui ne peut que faiblement produire et dont la suppression, loin de nuire à

---

lement de démontrer. Ils en produisent plus d'un dixième de moins, et de moins bonne qualité. Quels argumens en faveur de la taille!... M. le comte Verri dit que la taille a le double inconvénient de diminuer le produit annuel des mûriers et d'en retarder l'accroissement ; il déclare être persuadé qu'elle en abrège la durée par la nécessité où elle les met de s'épuiser pour cicatriser leurs blessures. Le mûrier, dit-il, doit être élagué, mais modérément et pas trop souvent.

(Verri. *Art de cultiver le mûrier*, in-8°, p. 75.)

l'arbre, doit contribuer à sa prospérité. Le mûrier a une sève excessivement abondante et qui tend à s'épancher avec une telle profusion que si elle n'était dirigée, si le sujet qui la produit n'était régulièrement, sagement émondé, il ne tarderait pas à offrir l'image d'un buisson épineux. Ses branches démesurement épaisses présenteraient un grand nombre de brindilles desséchées, parce que sa sève, quelque abondante qu'elle soit, ne pouvant suffire à la nourriture de tout ce qu'elle a produit, abandonne celles qui ne lui offrent point un assez large passage, celles qui, l'année d'auparavant, n'avaient que faiblement végété. L'émondage est donc indispensable, soit pour cueillir la feuille, soit pour la cueillir nombreuse, bien développée, ayant toute la perfection de son espèce. Cette opération, qui embrasse aussi le raccourcissement des pousses et surtout de celles qui, ayant pris trop d'étendue, végèteraient au détriment de celles qui en auraient moins, et qui, comme on le voit, tend par là à donner une certaine rondeur à nos mûriers, doit se faire immédiatement après la cueillette de la feuille.

Sans doute l'arbre en éprouverait moins de dommage si, comme quelques agronomes le prescrivent, elle était faite pendant son sommeil : en novembre, après la chute des feuilles et avant les grands froids (1), ou en mars, après que la douce haleine des zéphirs a entièrement fondu les glaces de l'hiver, et avant que la sève se mette en mouvement pour aller grossir les bourgeons et changer leur roussâtre aspect en riante verdure. Mais cet avantage ne serait-il pas balancé par l'inévitable inconvénient de laisser nourrir à l'arbre des branches tordues, mi-coupées, trop épaisses, et qu'on devrait retrancher avant d'avoir pu mettre à profit le peu qu'elles devaient produire? S'il était bien démontré que le fluide séveux qui aurait développé de la feuille dans les pousses retranchées en automne ou au printemps, passe tout entier dans celle qu'on respecte, et en augmente le produit d'une quantité égale à celle qu'il aurait donnée sans ce retranchement, je me rangerais de leur avis, mais je n'en suis pas convaincu, et, d'ailleurs, avec les précautions que j'indique, mon émondage ne peut pas être fort nuisible. Je persiste donc à croire qu'il doit être fait immédiatement après la cueillette de la feuille; faites-le comme je vous l'ai dit : purgez

---

(1) M. Noisette blâme la taille d'automne; il dit que les plaies ne pouvant pas se cicatriser produisent des chancres.

vos arbres de tout ce qui pourrait en rendre le dépouillement difficile; arrêtez les pousses dont le trop grand accroissement menacerait d'affamer leurs voisines. S'il en est où la sève ne soit pas également distribuée, où l'un de leurs côtés végète plus avantageusement que l'autre, retranchez à ce côté tout ce que lui a donné de plus cette inégale distribution, afin de rétablir l'équilibre. Voilà, j'en suis assuré, le moyen de conserver la santé de vos mûriers, d'en prolonger l'existence dans un état lucratif, d'en obtenir annuellement une riche dépouille et d'avoir pour vos vers à soie une nourriture saine et abondante en principes soyeux. D'après le mode d'élagage que je viens de décrire, on ne fait jamais aux mûriers que de légères blessures; toutefois, on ne doit jamais l'entreprendre sans s'être muni d'onguent de Saint-Fiacre (1), afin d'en recouvrir aussitôt les plus considérables dans le double but d'empêcher l'écoulement de la sève et de prévenir l'effet des influences atmosphériques.

Mais comment former les jeunes mûriers avec

---

(1) L'onguent de St-Fiacre est formé d'un tiers terre argileuse, un tiers charbon bien pulvérisé et un tiers de bouse de vache bien pétris ensemble. Fitaro indique une mixture composée demi-cire et demi-térébenthine ou huile de lin; il recommande aussi le goudron et la colophane.

une taille qui n'en est pas une? Le voici : Contentez-vous de seconder la nature et gardez-vous de la trop contrarier. Si vous ne placez sur un sujet que deux greffes, et l'espèce de vase que forment ceux sur qui l'on en met trois et dans lequel se rassemble une eau si souvent pernicieuse semble vous le prescrire, coupez ces deux pousses à 75 centimètres du tronc, si elles en ont plus de 6 de circonférence à leur base ; à 60, 50, 40, si elles en ont moins. En mai, retranchez avec une serpe bien affilée tous les scions de ces deux pousses qui ne seraient pas convenablement placée pour former la charpente de votre arbre. En février, même opération que l'année précédente, rabattez à 60, 50, 40, 35; selon la vigueur du sujet, les jets que vous destinez à devenir branches-mères, laissez en 5 sur chacune des deux pousses, supprimez tout le reste ; ébourgeonnez en mai, mais modérément, et toujours en vue de donner à votre arbre une structure convenable à sa destination. Taillez sur vos 6 branches et toujours assez long, deux ou trois pousses des mieux disposées. A la troisième année, votre arbre en aura de 12 à 18, la quatrième de 24 à 30, la cinquième de 45 à 50. Il sera formé, il aura une grande tête, un tronc vigoureux, une écorce prospère, rousse ; continuez-lui vos soins, et, à la sixième, il vous donnera une abondante dépouille (1). Dès-lors, ne craignez plus de lui laisser du bois ; arrondissez-le, puisque la mode l'exige, mais ne lui imposez point l'œuvre de Pénélope, laissez-le grandir ; contentez-vous de retrancher l'extrémité de ses pousses que vous ne supprimerez pas, et, après dix ans, bornez-vous à un simple émondage. En opérant ainsi, vous le verrez répondre à vos désirs ; il aura beaucoup de branches, mais les cueilleurs trouvent toujours entr'elles une place suffisante et d'autant plus commode qu'elles sont plus épaisses. Leur rapprochement forme pour eux d'utiles points d'appui.

Vous n'aurez presque rien à faire pour obtenir ce résultat, si vous avez eu le soin de greffer en pourrette. Votre arbre se formera de lui-même. Les deux ou trois plus hauts bourgeons lui donneront une tête régulière, évasée,

(1) Je recommande la taille en février ou mars pendant les cinq premières années qui suivent la plantation du mûrier ; on pourrait, à partir de la troisième, mettre à profit une bonne partie de sa feuille. Qu'on taille à cette époque les scions destinés à sa charpente, qu'on laisse tout ce qu'on devrait supprimer ; en avril, on le retranchera après la cueillette, on jouira de la feuille ; le propriétaire gagnera sans que l'arbre perde. L'expérience l'a prouvé. C'est ce que quelques personnes appellent tailler en vert.

que vous pouvez diriger aisément et sans bien grand dommage. Je dois convenir que, d'après ma méthode, il ne présentera pas l'apparence d'une aussi riche végétation. Mais qu'est cet illusoire avantage auprès des sacrifices qui seuls peuvent nous le faire obtenir? Ah! n'oubliez pas que s'il est vrai, comme nous ne saurions en disconvenir, que toute notre conduite à l'égard du mûrier doive avoir pour but sa durée, l'abondance et la qualité de son feuillage et la facilité d'en faire la cueillette, il ne l'est pas moins que le mode que je propose est le seul qui puisse y faire parvenir (1).

(1) Plusieurs bons agronomes proposent d'appliquer aux mûreraies le système d'assolement. Ils affirment que le propriétaire n'a rien à y perdre après les deux premières années, et qu l'arbre doit gagner beaucoup en vigueur, conséquemment en vitalité, en longévité. La première de ces affirmations pourrait être tant soit peu contestée, mais la seconde est incontestable Et, pour qui sait calculer, pour qui pense à l'avenir, la vérité de celle-ci peut bien donner à celle-là le peu de vrai qui lui manque, peut-être, pour la rendre tout à fait véritable. Si l'arbre vit davantage, s'il arrive plus lentement à sa décrépitude, il nous offrira plus longtemps sa précieuse dépouille. Or, fût-elle annuellement un peu moindre, parce qu'à raison de l'année de repos, deux récoltes en représentent trois, il est encore fort probable, pour ne pas dire certain, que par ce procédé l'arbre produira plus de feuille qu'il ne le ferait par celui qu'on a généralement adopté. Ne cherchez donc pas à escompter les bénéfice

Je ne dis rien de la taille des nains, parce qu'il est naturel de conclure, de ce que je viens de dire, qu'il est indispensable de renoncer sans retard aux pratiques meurtrières auxquelles ils sont soumis dans quelques lieux, et qu'il doit être évident, pour tout agriculteur raisonnable, que leur existence et la qualité de leur produit exi-

que vous pouvez en attendre ; cette opération serait mal entendue.

Le principe admis, voici comment on opère ; je ne parle que de l'assolement triennal ; le biennal, qui peut être nécessaire dans les régions du Nord, nous serait trop coûteux : On divise ses mûreraies en trois parties égales ; supposons la première taillée en 1848, avant l'ascension de la sève, fin février ; il va sans dire qu'elle ne sera pas cueillie. Les seconde et troisième fournissent seules la feuille nécessaire à l'éducation qui, nécessairement, doit être réduite d'un tiers cette année-là. En 1849, la deuxième partie est taillée et toujours à la même époque. La troisième est cueillie d'abord, et la première ensuite. Celle-ci est belle, elle donne abondamment une feuille bien développée, et dont la cueillette est facile. En 1850 vient le tour de taille pour la troisième partie. La première, qui porte alors sa seconde feuille cueillable, en fournit avec d'autant plus d'abondance, que le repos dont elle éprouve encore la bienfaisante influence, lui avait donné de fortes pousses qui n'ont pas été retranchées. Agriculteurs qui, mal à propos, répugnez à mon émondage, adoptez le système d'assolement. Si vous taillez un peu plus long et beaucoup plus épais que vous n'avez l'habitude de le faire, et vous le pouvez, d'après ce mode, sans crainte de ne voir sur vos arbres que de frêles scions, vous aurez, à très-peu de différence, la même quantité de feuille, et vous pourrez nourrir la douce confiance de l'avoir plus longtemps.

gent qu'on adopte pour eux l'émondage que réclament les mêmes motifs pour les mûriers de haute tige. Oui, il est si naturel de l'adopter, qu'encore ici je croirais faire insulte au bon sens de mes lecteurs en les engageant à le faire (1).

Dois-je rapporter les erreurs de mes maîtres? Faut-il que je combatte les fausses théories comme j'ai combattu les funestes pratiques? Je répugne à le faire, et néanmoins je sens que je le dois. Toutefois, qu'on ne s'attende point à ce que je rapporte tout ce que j'ai vu de défectueux dans les nombreux volumes que j'ai eu la patience de lire, avant de mettre la main à cet écrit, que je n'eusse jamais entrepris, si ses prédécesseurs avaient pu me convaincre qu'il était inutile.

La plupart d'entre eux ne sont lus de per-

---

(1) M. le professeur Bosc veut qu'on les élève en têtard, c'est-à-dire à l'instar des osiers, dont on coupe annuellement, comme chacun le sait, toutes les pousses rez-tête. Il prétend que, traités ainsi, ils produisent une plus grande quantité de feuille et de meilleure qualité. N'en déplaise à cet illustre auteur, l'expérience qui donne aussi d'assez bonnes leçons, a démontré le contraire. Elle a prouvé aussi que le conseil qu'il donne de distribner les branches aux vers à soie en en faisant tremper le bout dans une auge remplie d'eau est un conseil impraticable. Faisons des vœux, comme nous y invite le comte Verri, pour que l'agriculture soit bientôt délivrée des ouvrages qui ne sont que le fruit de l'imagination.

sonne ; quelques-uns, moins délaissés, n'ont rien de pernicieux ; d'autres, en assez grand nombre, ouvrent la carrière que j'indique ; mais il en est quelques-uns, et des plus distingués, qui contiennent des erreurs qu'il est nécessaire de combattre, parce que la place qu'occupent leurs auteurs dans le monde savant est propre à leur assurer un crédit qui pourrait les rendre désastreuses. Il est malheureusement encore un très-grand nombre de cultivateurs qui n'ont pas secoué le joug de la routine ; et avec quel empressement n'accueilleraient-ils pas ces erreurs, s'ils croyaient y voir la sanction de leurs funestes procédés ! Or, c'est ce qu'ils verraient dans le *Nouveau cours complet d'Agriculture*, où le célèbre Bosc, après avoir prescrit de tailler court immédiatement après la cueillette, assure que c'est à cette excellente méthode que les habitans d'Anduze doivent la beauté et la longue existence de leurs plantations. Je suis sûr, moi, qui connais parfaitement les mûrcraies de cette ville, que c'est à cette erreur funeste, que ne devrait pas partager un si habile professeur, qu'elles sont redevables des nombreuses mortalités qui les dépeuplent. Le terroir y est riche, les sucs abondans, la végétation magnifique, et comment des mûriers si vigoureux ne seraient-ils pas asphyxiés quand, après avoir été dépouillés de leur feuillage, si nécessaire à leur respiration, on les dépouille de la presque totalité du bois nouveau par lequel s'opère aussi, quoique beaucoup moins abondamment, cette fonction également indispensable à la vie des animaux et à celle des plantes (1)? Privez, dit l'abbé Rozier, privez un arbre de ses pores absorbans et il périra asphyxié. C'est à ce beau résultat que mène droit la pratique d'Anduze que M. Bosc vous conseille de suivre et que votre intérêt vous prescrit d'abandonner! En taillant ainsi, dit encore Rozier, la sève s'engorge dans les racines et les pourrit, ou bien dans le tronc et y produit des chancres.

Que M. Boitard, après avoir dit que dans plusieurs provinces d'Italie, où l'on ne soumet pas à la taille, les mûriers y produisent plus longtemps une meilleure qualité de feuille, ajoute que ces avantages ne balancent pas ceux qu'on en retire en les y soumettant, voilà ce qui pourrait surprendre, si la manière dont il

---

(1) Les arbres qu'on ne taille pas après les avoir dépouillés, conservant plus de pores absorbans et exhalans que ceux qu'on soumet à la taille, sont recouverts de feuilles plus de 15 jours avant ceux-ci.

se moque de MM. Verri et Bonnafous, pour avoir soutenu que, pour établir l'équilibre dans un arbre, il fallait arrêter les plus fortes pousses et ne pas toucher aux plus faibles, c'est-à-dire une vérité d'expérience, ne prouvait que cet illustre agronome n'a jamais sérieusement réfléchi à cette opération. M. Boitard semble être fier de partager son erreur avec le célèbre La Quintinye et l'immortel Rozier; mais je ne vois pas trop ce qu'il peut y avoir de grand à partager les erreurs des grands hommes.

Encore un agronome distingué que nous devons signaler à vos yeux comme accordant à une erreur la sanction d'un nom recommandable, et c'est par là que nous terminerons. M. Bonafous indique *une fente longitudinale* à la tige du jeune mûrier comme un moyen de la faire croître avec plus de force et par là de maintenir un juste équilibre entre elle et la tête qu'elle doit porter. C'est là ce qu'on peut appeler un mal réel appliqué pour remède à un mal imaginaire. Qu'à cette occasion M. Boitard lui eût reproché son ignorance, qu'il lui eût dit, comme il a fait fort mal à propos dans une autre, que le plus mince garçon jardinier ne commettrait pas une semblable faute, il l'y aurait autorisé, et nous ne blâmerions, dans ce blâme, que la forme un peu trop cavalière. Devait-on s'attendre à trouver, dans un livre sorti de la plume de l'illustre Bonafous, une semblable tâche? Dieu, toujours sage dans ses déterminations, donne toujours à la tige la force nécessaire à l'emploi qu'il lui assigne, elle croît toujours avec la tête qu'elle porte dans la plus exacte proportion?

CHAPITRE XI.

DES MALADIES DES MURIERS, DE LEURS CAUSES ET DE LEURS REMÈDES.

Il en est des maladies du mûrier comme de celles de l'insecte auquel son feuillage doit servir de nourriture : on peut les prévenir sans peine, on ne les guérit que difficilement. Parmi ces maladies, sous l'action desquelles succombe trop souvent ce riche végétal, il en est qui lui sont particulières et d'autres qu'il partage avec tous les grands végétaux. Nous ne parlerons que des premières, parce que ce sont les seules dont l'intelligence du cultivateur puisse le délivrer quand une bonne culture n'a pas su l'y soustraire.

Les maladies qui affligent le mûrier et qui résultent presque toutes, soit de l'aveugle routine qui dicte encore parmi nous les principes d'après lesquels on le cultive, soit de la nécessité où il est réduit d'abandonnner annuellement sa dépouille à notre cupidité, ne s'élèvent pas à moins de *neuf;* de ce nombre, celles qui attaquent à la fois tout son organisme, sont appelées *générales* ou *constitutionnelles;* on donne le nom de *locales* ou *accidentelles* à celles qui ne l'attaquent que partiellement.

Pour les premières, dont la cause est quelquefois dans l'imperfection de la graine qui les a produits, et plus souvent encore dans l'aridité du sol auquel on les fixe, l'exiguité de l'aire qu'ils ont à explorer, ou les sucs peu convenables à leur prospérité que pompent leurs racines, les remèdes les plus efficaces ne peuvent qu'en enrayer la marche. Mais, quant aux secondes, que leur procurent si souvent nos absurdes procédés, il existe des moyens curatifs que n'emploie pas toujours sans succès une main adroite et sagement dirigée par une tête intelligente.

Toutefois, la plus bénigne d'entre elles est un dangereux ennemi qu'il est plus facile d'éviter que de vaincre. Voulez-vous donc vous soustraire à l'obligation de combattre ces divers agens de destruction, détruisez-en le germe, anéantissez-en les causes, empêchez-les de se produire.

Pour cela : 1° Élevez chez vous, et de la manière que je l'indique, les plants dont vous pouvez avoir besoin. Quelques auteurs, sous prétexte que l'art du pépiniériste est difficile, vous donnent un conseil opposé; il est funeste, gardez-vous de le suivre. Eh! qu'y a-t-il de difficile, pour un agriculteur tant soit peu intelligent, à faire un semis, une pourrette, une pépinière de mûriers!...

2° Ne greffez que ceux dont la feuille, trop petite et peu nombreuse, ne serait que d'un faible produit; greffez toujours en pourrette, et ne greffez jamais que des variétés fines;

3° Arrachez vos jeunes plants avec la plus grande précaution; conservez-leur autant de racines que possible; gardez-vous d'en retrancher volontairement celle qu'on nomme *pivotante;* plantez-les avec soin dans des trous de deux mètres carrés sur soixante centimètres de profondeur, ouverts depuis trois mois au moins, et sur lesquels vous aurez fait répandre une bonne couche de terre végétale; ne les fumez pas trop, surtout avec un fumier trop excitant, trop peu *pourri :* de tels engrais hâtent la végétation, mais aux dépens de l'organisme. L'arbre trop fumé, dans le principe, ne tarde pas à être entravé dans ses fonctions naturelles. La partie gazeuse des fumiers trop excitans et peu consumés s'introduit dans les tissus ligneux, y fermente et y cause la désorganisation. Mais comme les engrais sont presque partout nécessaires, choisissez les moins dangereux, des terraux, des curages de fossé, des gazons, etc.

4° Ne commencez à les dépouiller de leur feuille qu'à leur sixième année, à partir de celle de leur transplantation à demeure; ne les effeuillez pas tous les ans, et, si vous le faites, n'oubliez pas de leur laisser une assez grande quantité de ces feuilles éparses qu'on nomme *papillons*, ou, mieux encore, quelques pousses non effeuillées sur tout leur pourtour;

5° Ne les taillez pas de manière à leur enlever les dix-neuf vingtièmes de leurs pousses, mais bien émondez-les, élaguez-les comme je le prescris;

6° Ne les placez jamais dans un terrain contraire à leur nature;

7° Donnez-leur d'assez fréquens labours pour les purger d'herbages et entretenir la terre dans l'état de fraîcheur que réclament leurs racines, et qui leur est d'autant plus nécessaire qu'elles ont à réparer les pertes occasionnées par l'*effeuillement*.

En vous conformant à ces préceptes, vous préserverez vos arbres des maladies qui désolent nos plantations ; car la cause de ces ravages gît presque toujours dans le peu de soin qu'on porte aux pépinières et aux diverses transplantations ; le trop précoce, trop fréquent et trop absolu dépouillement des feuilles ; l'excès de la taille, le manque de culture, l'infécondité ou l'impropriété du sol, en un mot dans l'emploi de pratiques vicieuses, quand elle ne provient pas de la graine qui les a produits ou des larves qui attaquent leurs racines.

J'ai indiqué les causes de ces maladies et montré les moyens de les prévenir ; il ne me reste plus, pour avoir rempli ma tâche, qu'à en décrire les caractères et à faire connaitre les remèdes qui peuvent en arrêter le cours.

Le Rabougrissement. — Cette maladie, qui a pour cause la pauvreté du sol, l'exiguité de l'aire, ou l'imperfection de la graine, et pour effet le dépérissement, se manifeste par de très-petites pousses, des lichens, des mousses, des chancres, des branches mortes, etc. Les racines ne trouvant dans un terrain épuisé ou stérile de sa nature que des sucs peu abondans, y pompent des principes peu convenables à la prospérité de l'arbre; dès-lors la sève, mal élaborée, trop peu fournie de carbone et trop chargée de matières alcalines et terreuses obstruant les vaisseaux destinés à la conduire aux branches, n'y parvient qu'avec peine, et les rameaux, imparfaitement nourris, commencent par jaunir et finisssent par se dessécher. Le fumier, la bêche et la cognée, tel est le remède de ce mal, incurable s'il est originel; fumez bien, mais n'oubliez pas ce que je viens de dire : avec du terreau, des engrais bien consumés peu fermentatifs. Labourez de même, retranchez de vos arbres les branches les plus faibles, ne leur laissez que celles qui pourront être abondamment sustentées par les racines, recouvrez d'onguent les plaies qu'aura nécesitées cette cruelle mais indispensable opération, qui ne doit être faite que dans le mois de mars; abattez les lichens et les mousses qui en dévorent les tiges, ne les effeuillez pas d'un ou mieux de deux ans, et vous aurez le plaisir de leur voir reprendre une bonne partie de leur première vigueur.

La Lèpre. — Cette maladie, qui se manifeste par la mousse et le lichen, et qui est tout à la fois la marque et la conséquence de celle que nous venons de décrire, peut encore être produite par le défaut d'air, la privation de la lumière et le trop long séjour de l'humidité. Enlever avec soin ces plantes parasites qui détériorent l'épiderme de l'arbre et le privent des douces influences du soleil, est le premier remède qu'on doit lui opposer; le second, qui peut, après l'avoir guéri, en prévenir le retour, est subordonné à la cause qui l'a d'abord produite. Si c'est le rabougrissement, nous avons déjà dit ce qu'il doit être; si c'est le défaut d'air, etc., ayez recours à la serpe pour lui frayer un libre passage.

3° *Le Chancre*. — Le chancre, qui n'est que le résultat d'une lésion quelconque, se manifeste par la décomposition de l'écorce, qui n'a bien souvent lieu qu'après que l'aubier a été atteint, car c'est ordinairement par là que la carie commence. L'enlever au moyen d'un instrument tranchant et recouvrir la plaie d'onguent de Saint-Fiacre, ou de la mixture prescrite par le docteur Pitaro, est le meilleur remède contre cette maladie.

4° *La Carie*. — La carie, qui n'est qu'une espèce de chancre produit par l'effet des influences météorologiques sur une plaie qui a mis le bois à découvert, se guérit de la même manière, et peut se prévenir par l'usage de l'onguent.

5° *L'Ulcère* ou *Cancer*. — L'ulcère, dont les effets sont beaucoup plus désastreux qu'on ne le croit communément, se manifeste par un écoulement sanieux, qui donne à l'écorce une couleur noirâtre ou d'un jaune brun. L'ulcère des plants est l'abcès des animaux. Le cambium mal élaboré et réuni sur un certain point du tronc ou de ses branches principales, se corrompt, devient âcre et corrode le liber, l'aubier et toutes les parties environnantes. Si l'écoulement se dirige vers le cœur de l'arbre, il le tue; si c'est vers l'extérieur, il l'exténue par la perte journalière des sucs qui devaient le nourrir. Cette maladie attaque quelquefois les racines ; alors elle est d'autant plus dangereuse que son action n'est soupçonnée qu'après avoir produit d'irréparables maux. Enlever l'ulcère, cautériser la plaie avec un fer rougi, la garnir d'onguent de Saint-Fiacre et mieux encore la vernir avec la colophane, tel est l'unique moyen de détruire ce dangereux émonctoire. Quelques agriculteurs italiens proposent, pour en prévenir l'existence, de pratiquer, au pied de nos mûriers, un trou pareil à ceux qu'on pratique au pied des arbres résineux pour en recevoir le produit. Il est certain qu'un trou pratiqué diagonalement de bas en haut dans le pied de l'arbre au moyen d'une tarière, peut, s'il va jusqu'au cœur, le préserver de cette maladie et peut être de bien d'autres ; de bons agronomes donnent ce remède comme très-efficace contre la pourriture des racines.

6° *L'Asphyxie.*—L'asphyxie est une maladie subite et terrible qu'occasionne au mûrier la suppression violente de ses feuilles, et qui, en quelques jours, fait, d'un arbre vigoureux, un arbre languissant, incapable de revenir à sa vigueur première et de donner à son possesseur autre chose que son cadavre. S'il n'existe aucun moyen curatif pour cette foudroyante maladie qui dépeuple annuellement nos plantations, il en existe de prophilactiques qu'on n'emploie pas sans succès. Ne taillez pas vos mûriers, contentez-vous de leur appliquer mon mode d'élagage ; ne cueillez pas leur feuille trop parcimonieusement, et vous n'aurez pas la douleur de les voir périr sous ses terribles coups.

7° *L'Apoplexie.* — Cette maladie, fort analogue à la précédente, mais moins meurtrière qu'elle quoique sans remède efficace, est le résultat d'une perturbation dans l'organe respiratoire, occcasionnée par les variations atmosphériques. Elle a lieu quand, après des journées chaudes, s'élève un vent froid et violent; alors la transpiration de l'arbre s'arrête; sa sève s'engorge, et sa langueur, que ne guérissent pas toujours les belles journées qui succèdent à la bourasque et qu'atteste la pâleur de ses feuilles, est le plus heureux résultat de cette perturbation.

8° *La Pourriture des racines.* — Cette maladie, fort commune et d'autant plus à craindre qu'elle est incurable et contagieuse, est occasionnée par la présence d'un champignon du genre *isaire*, qui, s'attachant aux racines, en pompe le suc et en décompose le cambium qu'il absorbe et dont il prend la place. Ce petit champignon, que Linné appelle *mucor*, invisible à l'œil nu, paraît sous différentes formes et recouvert d'une poussière farineuse, dont la couleur varie du jaune pâle au blanc cendré. Tout arbre atteint de cette maladie peut être mis au rang des morts. Ce qu'on a de plus pressant à faire, est d'en débarrasser le sol, et pour que la contagion ne gagne pas la mûreraie, il est indispensable de sacrifier aussi ses plus proches voisins. Ce sacrifice, quelque pénible qu'il paraisse, ne doit pas être différé!

Quelle est la cause première de cette maladie ? D'où sont provenus ces terribles champignons dont les ravages sont si ridiculement attribués au *vif argent*? Comme si ce métal existait dans nos terres, ou comme s'il pouvait, alors même qu'il y existât, jouer le rôle d'exterminateur que l'ignorance lui assigne. Leur origine, peu connue, est généralement rapportée au fumier chaud qu'on place immédiatement au-dessus des racines. Voilà bien ce que disent les auteurs, mais est-ce là ce qu'ils diraient, si la nature eût consenti à leur dévoiler ses mystères?... Peu de cultivateurs sont assez ignorans pour mettre le fumier en contact avec les racines ; ceux qui le seraient assez pour ne pas connaître le danger d'un tel contact, ne le feraient que lors de la plantation à demeure, et ce ne sont pas toujours de jeunes mûriers qui tombent victimes de cette terrible maladie, elle en fait périr de tout âge et de très-vigoureux. Non, le contact du fumier n'est pas l'unique cause du champignon dévastateur ; il en est d'autres, et je ne serais pas surpris que la stagnation de la sève dans les parties qu'ils attaquent ne fût pour beaucoup dans leur formation ; quoi qu'il en soit, dépourvus de moyens curatifs, nous devons employer avec le plus grand soin tous les moyens prophylactiques que peuvent nous indiquer l'expérience ou le raisonnement. Quelques agriculteurs prétendent en avoir arrêté les ravages en nétoyant les arbres qu'il avait atteints, de toutes leurs racines infectées, et en couvrant toutes celles qu'il avait envahies d'une bonne couche de terre neuve mêlée avec de la chaux vive. D'autres assurent que le tithymale en fleur mène plus directement à cet heureux résultat ; d'autres, enfin, le trou *cautère*, dont nous avons parlé à l'article *cancer*, comme plus efficace encore. Je n'offre pas ces prétendus spécifiques avec beaucoup de confiance. Je crains que le champignon mucor ne soit pas moins rebelle à nos remèdes que le champignon muscardinique avec lequel il semble avoir plus d'un trait de similitude. Qu'on puisse le prévenir, je le crois ; qu'on en guérisse, j'en doute.

L'observation a mis hors de tout doute qu'un jeune mûrier mis à la même place où la mort vient d'en enlever un plus ou moins vieux, ne vit que peu de temps. Est-ce un virus désorganisateur ? Est-ce la disette qui tue ?... Selon les circonstances, chacun de ces agens peut être cause de sa mort ; dans un sol riche et généreux ce n'est pas la disette, mais bien la contagion, et, dans ce cas, il doit mourir du champignon mucor. Dans un sol peu fertile, il meurt d'inanition et parce que son prédécesseur avait dépensé les sucs nécessaires à son existence. Ne cherchez donc pas à remplacer vos vieux mûriers ou plutôt vos défunts, sans au préalable avoir bien amendé, bien purifié leur place. Ouvrir un large creux, y brûler jusqu'aux moindres fragmens de leurs racines, mêler à la terre une bonne quantité de chaux en poudre, et le laisser, au moins un an, exposé aux influences atmosphériques, est un des meilleurs moyens d'opérer cette purification. Si après ces divers préalables on remplace le mort par un mûrier noir, on peut s'attendre à ce qu'il prospère ; si c'est par un individu de même espèce, il est fort probable qu'il ne vivra pas longtemps.

9° *Feu volage ou mal noir.* — Cette maladie, dont la cause n'est pas encore bien connue, témoin la divergence d'opinions qui existe à son sujet entre les auteurs qui en parlent, fait dans nos contrées des ravages presque aussi désolans que la pourriture des racines ; car, comme cette dernière, elle est contagieuse.

Les uns l'attribuent à l'abus de la taille après la cueillette, et je suis convaincu qu'elle y entre pour quelque chose : cette opération prédispose nos mûriers comme tout végétal auquel on l'applique à toutes sortes de maladies ; mais ici, comme en bien d'autres cas, elle ne peut en être que la cause occasionnelle ; il faut pour qu'elle la produise, le concours d'une autre circonstance.

D'autres pensent qu'elle est due aux fûmures mal appliquées, placées circulairement au collet de l'arbre.

D'autres encore aux racines des grands végétaux auxquels on a substitué notre riche végétal, et qui dans le sous-sol existent encore en état de pourriture phosphorescente.

D'autres enfin à une perturbation occasionnée dans la sève, par les gelées printanières, les vents froids, les pluies glaciales, les neiges, les grêles, les gelées blanches, qui si souvent affligent les régions méridionales après que l'arbre a poussé. Si cette dernière opinion n'est pas la plus vraie elle est au moins la plus vraisemblable.

Le feu volage, quelquefois appelé mal noir, attaque d'abord les branches supérieures, s'étend de proche en proche jusqu'à ce qu'il ait envahi la tête entière, descend dans le tronc, et enfin dans les racines. — Quand on sait s'y prendre à temps cette maladie n'est pas incurable. Je l'affirme d'après ma propre expérience.

Je la considère comme une paralysie, et je la traite en conséquence de mon opinion. La sève, qui n'est autre chose que le sang de nos arbres, ne circule plus qu'imparfaitement dans les branches attaquées du mal noir; de là, leur dépérissement successif, enfin leur mort dès que toute circulation est suspendue, anéantie. Par une cause quelconque, les canaux séveux, les veines, les artères sont obstrués. Eh bien ! Je les déblaie ; je force la sève à briser l'obstacle en l'envoyant en abondance sur la partie malade, et cette opération me réussit au mieux. Coupez ce qui est mort, ce que le remède ne saurait raviver, cueillez la feuille, des parties bien saines, ne touchez point à celle de la branche-mère (*lou Mar*) sur laquelle le mal se manifeste, et soyez sûr que l'année suivante cette branche malade aura repris toute sa vigueur. L'équilibre sera rétabli.

Quelques personnes se bornent à amputer les parties manifestement atteintes, taillant jusqu'au vif, écorçant l'arbre partout où sur son aubier se montre une teinte plus ou moins grisâtre, roussâtre ou noire. D'autres ajoutent le repos à cette opération, c'est-à-dire taillent le malade et ne le cueillent pas. Tout cela est bon mais n'est pas suffisant. 1° Il est difficile d'enlever le mal jusqu'à sa racine, et, pour peu qu'il en reste, il se développe, se communique et rend indispensable une seconde amputation, qui n'est pas ordinairement plus efficace que la première ; 2° En laissant reposer toute la tête on ne remédie point au mal ; la partie la plus vigoureuse affame la partie malade et celle-ci dépérit. Il faut pour rétablir l'équilibre, retrancher au plus fort pour donner au plus faible, agir ainsi que je le fais ; dépouiller de leurs feuilles les branches-mères (*tous Mars*) que le mal n'a pas atteintes, et ne pas toucher à celles qu'il a déjà envahies. L'année suivante, émonder l'arbre en mars et ne pas le cueillir.

J'ai fait connaître comment vous pouviez obtenir des mûriers d'une belle venue, d'une longue existence, d'un précieux rapport ; ma tâche est finie ; je laisse à l'expérience le soin de vous faire connaître la vérité de mes principes, et à votre intérêt celui de vous les faire adopter.

FIN DU GUIDE DU CULTIVATEUR DE MURIERS.

Nimes. — Typ. Ballivet et Fabre.

TABLE DES MATIÈRES.

Pag.

Un Mot aux acquéreurs de cette nouvelle édition	1
CHAPITRE Ier. — Du ver à soie et de sa nourriture..	8
CHAPITRE II. — Des Magnaneries et des Ramiers.	18
CHAPITRE III. — De la manière de faire éclore.....	28
CHAPITRE IV. — De la naissance au sortir de la première mue ou premier âge..	37
Du moyen d'assainir l'air........	54
De la première à la deuxième mue, ou deuxième âge.............	57
De la seconde à la troisième mue, ou troisième âge............	60
De la troisième à la quatrième mue, ou quatrième âge............	62
De la quatrième mue ou montée, au cinquième âge............	64
CHAPITRE V. — Du ramage...................	76
CHAPITRE VI. — Manière de faire la graine.......	83
CHAPITRE VII. — Des maladies des vers à soie dans leurs différens âges, des causes qui les produisent et des moyens de les prévenir.............	85
Des passis, des arpes ou arpians, des luzettes et des rouges......	90

De la grasserie ou vacherie et de la jaunisse : gras, jaunes ou porcs, appelés aussi vaches.... 93
Des tripés ou morts-blancs, que d'autres nomment morts-flats... 97

DE LA MUSCARDINE.......................... 100
    Contagion de la muscardine....... 102
    Spontanéité de la muscardine.... 106
    Circonstances favorables au développement de la muscardine.... 108
    Remèdes prophilactiques contre la muscardine, ou moyens de la prévenir.................... 110
    Remèdes curatifs contre la muscardine...................... 124
    Désinfectans ou préservatifs contre la contagion de la muscardine.. 127

Résumé et Conclusion..................... 129
Avis et Conclusion....................... 133

LE GUIDE DU CULTIVATEUR DE MURIERS....... 137
CHAPITRE Ier — Introduction historique de la culture du mûrier............. 139
CHAPITRE II. — Des diverses espèces de mûriers.. 149
CHAPITRE III. — Des mûriers noirs............. 169
CHAPITRE IV. — De la reproduction du mûrier.... 173
CHAPITRE V. — De la pépinière................ 193
CHAPITRE VI. — De la greffe.................. 200
CHAPITRE VII. — De la plantation de mûriers à demeure et de leur culture pendant le troisième âge............. 208

DES MATIÈRES. 267

Pag.

CHAPITRE VIII — Plantations de mûriers nains en haie et en quinconces........ 219
CHAPITRE IX — De la feuille et de sa cueillette ou de l'ébourgeonnement........ 224
CHAPITRE X. — Taille, élagage, émondage du mûrier.................... 231
CHAPITRE XI. — Des maladies des mûriers, de leur cause et de leur remède....... 248

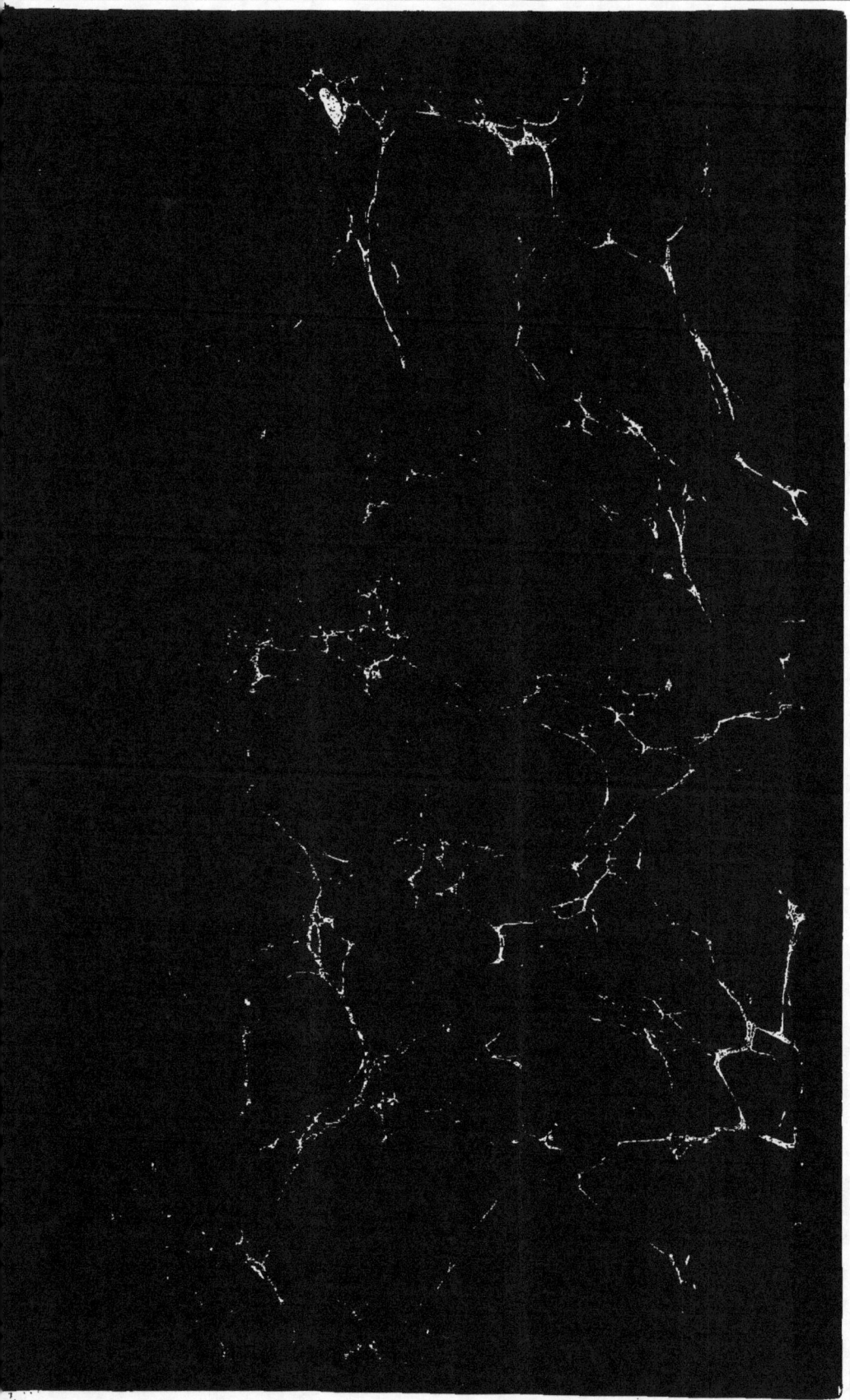

www.ingramcontent.com/pod-product-compliance
Lightning Source LLC
Chambersburg PA
CBHW050159230526
45470CB00001B/165